蔬食与四季

小猪 著

VEGETABLES  FOUR SEASONS

人气美食博主小猪的蔬食magic

中国工人出版社

用味蕾感受四季的自然之美

|美食博主|

小猪，本名朱堂浩，人气美食博主，一个喜欢穿梭在厨房与菜市场的“90后”，擅长挖掘应季食材来制作美味的蔬食料理，2017 年开始在自媒体上发布自己的创意蔬食，分享蔬食生活的美好，因清新治愈的美食视频与精致的蔬食料理而受到关注，截至目前全网视频总播放量达 1000 万次。

更多美味蔬食

B 站 | 小红书 | 微博 | 微信公众号

小猪的蔬食 magic

我的素食之旅

My Vegan Journey

文／摄影 小猪

人生真是一个奇妙的旅程。学美术出身的我毕业后做了两年设计师，因为不喜欢整天在电脑前工作而选择退出，而后因为喜欢做饭竟然做了三年的厨师，更没有想到后来会遇上素食。

曾经的我能在夜里灯火通明地玩游戏，也能在喧嚣的夜市和朋友一起喝酒撸串，一觉睡到中午。没错，曾经的我是一个生活无规律的人，直到我的身体亮起了红灯。我想要改变，我明白这不是我想要的生活。机缘巧合之下，我开始了解到了食素这样一种生活方式。在我最初的印象中，素食应该是寺庙里吃的东西，无非是一些青菜豆腐之类的寡淡食材，但经过一番探索，我发现素食其实也能丰富多彩。于是，我开始循序渐进地尝试食素。

蔬菜的味道变幻无穷

经过一段时间的尝试，我的生活方式和心境悄悄发生了改变，味觉和嗅觉也变得更加灵敏。我开始更倾向于吃天然的食物，发现经过简单调味的蔬菜也可以如此美味。恍惚间我发现，以前的我都没有认真地对待过蔬菜，认为它们只不过是桌上的一个配角，殊不知蔬菜的味道变化无穷，每一个季节的每一种蔬菜都有它的独特之处。

传递素食的美好

在尝试着琳琅满目的素食食谱之余，我开始不断创新自己的新菜谱。可能是我喜欢做饭的缘故，新的菜式我很快就能如法炮制并享受其中。但食素的人毕竟也只是极少数，网络上做素食的更是寥寥无几，于是我开通了自己的微博——“小猪的蔬食 magic”，想要传递有关素食的美好。为何要这样命名？因为我小时候很崇拜电影里的魔法师，希望自己也能像他们一样，施展蔬菜的魅力与魔法。

用整根苦笋做了全笋宴。

1. 今天阳光甚好，一早骑车去逛早市，丑丑的苹果、满是虫洞的小白菜、小巧可爱的莲藕……这是蔬菜该有的样子啊。

2. 夏天里不起眼的农家小番茄。

3. 特别脆嫩的农家卷心菜。

1
2
3

开始打造自己的厨房

起初我只是在微博上分享自己的一日三餐以及一些做法，慢慢地得到一些小伙伴的支持与鼓励。为了分享更详细的做法和精致的素食料理，我特地在出租屋为自己打造了一个厨房，拍摄制作美食视频，将其分享在各大平台上。渐渐地，我喜欢上了这样的方式并把它当成了日常爱好，利用了几乎所有的业余时间，常常待在厨房就是一整天。虽然有时我也会感到很疲惫，但看着自己完成的一个个作品以及大家的反馈，内心更多的是充实与快乐。

与此同时，我发现做饭也是磨炼心性的过程，能够静下心来整理蔬菜，充满感恩地去烹饪，就是把自己的爱融入到了料理中。将这份爱传递给家人、朋友、网友，是多么有意义的一件事儿啊！

我在出租屋打造的第一个厨房。

和爷爷一起挖苦笋，这是春末夏初才有的深山美味。

四季轮回的魅力

本书中的食谱几乎包揽了四季常见的所有食材，春天的春笋、夏天的番茄、秋天的栗子、冬天的白菜……每一个季节都有不同的美味，都是大自然最好的馈赠。

我喜欢逛菜市场去寻找那些不曾在意的食材，里面总会有不少惊喜。比起超市里一年四季都有的大棚蔬菜，我更倾向于农夫市集自家种的应季蔬菜。这些蔬菜虽然可能长得歪瓜裂枣，味道却天然纯粹。

我的初衷

考虑到每个人饮食习惯的不同，我在本书中做了不同种类的料理，西式、中式、日式等都有涉及，还有一些营养蔬果昔。其中，大部分食谱的食材用量比例也只是一个参考，并非一定要这么做或是一定要添加多少调味料。当然，大家也可以根据当地特色来改变食谱中的食材或配料。我的初衷是希望这些食谱能给大家带来一些灵感和思路，而不是依葫芦画瓢。

如果这本书能够为你的餐桌增添几道美味素菜，我便会感到由衷的欢喜。

厨房工具

“工欲善其事，必先利其器”，好的厨房装备能减小烹饪难度，让我们在制作料理时更加游刃有余。以下是我在厨房使用的一些主要工具，它们各有各的特点和优势，希望能供大家参考和选择。

1. 锅具

no.|*01.*

中华炒锅

中华炒锅可以说是国内最普遍的锅具了，其材料以熟铁为主，制作工艺多为黑铁皮锻压或手工锤打，特点是锅体薄、导热快、烹饪时间短，适合大火爆炒食材。使用中华炒锅时需要经常翻动食材让其均匀地受热，这就是为什么中国厨师炒菜要一直颠锅的原因。需要注意的是，这种炒锅蓄热能力差，不适合炒分量太大的食物，如果加入过多的食物翻炒，锅体温度就会直线下降，无法达到爆炒的目的，食物炒出来也就没有“锅气”。而所谓的“锅气”就是指当食物受极高的温度烹调（超过200℃），发生焦化反应及美拉德反应等化学变化。通常，刚买回来的铁锅都需要进行开锅，这样后续烹饪料理时才会有物理不沾的效果。开锅之后只需要简单的保养就可以将锅越养越亮，具体操作就是每次用完锅将其直接洗净，用厨房纸擦干然后涂抹一层食用油。需要注意的是尽量避免用洗洁精洗锅以及用铁锅烧汤和长时间熬煮，这样都会破坏它表面的那层油膜，从而导致锅体生锈。

no.|*02.*

铸铁锅

铸铁锅可以说是我最喜欢的一款锅具了。它的用途广泛，煎、炒、炖、煮等样样都精通，还能烤面包和做甜品。款式、造型也多种多样，圆底的、深底的、平底的都有，而且非常经久耐用。用铸铁锅烹饪食物时很容易形成美拉德反应，所以如果用它来烹饪，你会发现食物能变得更美味。由于铸铁锅的材料都是生铁，所以其锅体很厚、导热慢，但受热均匀，蓄热能力非常好，即使食物稍微多一点锅体温度也不会下降过多。如果你家的火力不够，用它也能炒出美味的菜肴。不过，铸铁锅的缺点是比较笨重，加热后锅身很烫容易被烫伤，所以建议不要买太大。

no.| *03.*

不粘锅

不粘锅由于其轻便、易清洁、不沾的特点而受到大众的青睐。用不粘锅烹饪出来的菜肴更明艳干净，而且耗油量也很少。不粘锅同样煎、炒、炖、煮样样精通，但是它不耐高温，使用寿命很短，一般用 1 ~ 2 年涂层就会开始脱落，所以我不是经常使用它。然而做某些特别粘的食物时不粘锅还是很有用的，比如用它老煎松饼，能很轻易地煎出均匀好看的形状和色泽。

no.| *04.*

不锈钢锅

不锈钢锅也是一种多用途的锅，平时我也用得比较多。它外观漂亮、经久耐用还不容易变形，烹饪食物时也不会让食物变色，很适合熬果酱以及西餐酱汁。不过需要注意的是，这里的不锈钢锅不是单一材料的不锈钢锅，而是复合底结构的不锈钢锅。通常市面上卖的不锈钢锅都是铝夹层，也就是说不锈钢中间夹了一块儿铝。因为铝的导热性是铁的两倍，所以这样做的目的是增加不锈钢锅的导热性，受热也更均匀稳定，不会因为单点温度过高而烧焦食物。还有一种高品质的铜夹层不锈钢锅，因为铜的导热性是铁的 5 倍，因此这种材料的不锈钢锅导热性能会更好，但同时价格也更高。

不锈钢锅想要达到不粘的效果，需要先将锅体预热到足够烫，大概是滴入一颗水珠能够在锅面儿跳动的效果，然后再加入食用油烧热。不锈钢锅的锅体厚蓄热能力也是非常不错的，但比起铸铁锅会稍微差一些。

no.| *05.*

雪平锅

雪平锅是当下非常受大众喜欢的一款锅，其特点是颜值高、锅壁非常薄、导热极快，能快速胜任焯水、煮物、炸物等需求，或者煮一锅一人食的面条也非常方便，不用装盘就可以直接端锅上桌吃。但雪平锅不太适合炒菜，因为其导热快、单点温度高很容易导致煳锅。

no.| *06.*

搪瓷锅

说实在的，搪瓷锅对于我来说实在没什么优点，它唯一吸引我的地方就是颜值了。但买了它你可要注意了，因为它非常容易坏，一不小心可能就会发生磕破，磕破后也会导致生锈以至于不能继续使用。另外，搪瓷锅只能用来做煮物、煲汤，不能用来炒菜。

2. 刀具

no.| ***01.***

中式菜刀

中式菜刀应该是每个家庭都有的一把刀。它的用途广泛，可以胜任各种切法。由于宽大的刀身，切菜时能够很轻易地用其将切好的食材铲走。此外，因为自身有一定重量加之刀刃是平刃，所以用中式菜刀将食物切丝可以说是最佳选择。当然，具备足够的锋利度也是前提。中式菜刀对付一些硬度高、个头大的食材更是手到擒来，比如南瓜这种食材用其来处理就非常方便。如果你只想在厨房放一把刀的话，那么选择它绝对不会出错。

no.| ***02.***

主厨刀

主厨刀是西餐厨具中应用最广泛的刀具，其特点是轻便、刀身比较长、刀刃的幅度比较大。因为西方人以肉食为主，所以主厨刀的优势是更擅长处理肉类。它的使用方法和中式菜刀是不一样的，主要适用于拉切的切割动作，即刀尖几乎不离开案板，只是抬起刀子的后半部分。此刀法用来切罗勒、香菜等是非常舒适的。同时它细窄的刀尖处理蔬菜较为精细的地方会比较得心应手，但不适合用来切丝。

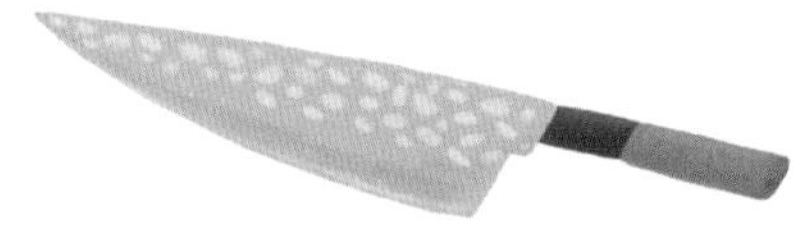

no.| ***03.***

三德刀

三德刀是日本发明的一种刀具，“三德”的意思是能够切割瓜果、肉类、蔬菜。基于其全能性，无论在西餐还是东方饮食中都得到了广泛的应用。三德刀的刀刃幅度比主厨刀小，切法也可以采用像中式刀具那样上下切的动作，在切丝和切片上都能轻松胜任。同时，由于其刀身比较轻巧，用起来会比较省力。因此，三德刀在全能性上比主厨刀更胜一筹，如果你喜欢轻巧又全能的刀具，那么赶快带它回家吧。

no.| ***04.***

削 皮 刀 & 刨 丝 刀

削皮刀刀身小而灵活，特别适合处理蔬果的表皮，还能刮出所需的蔬菜片。刨丝刀比较适合处理土豆、黄瓜等较硬的食材，能快速出丝，两者都属于厨房必备刀具。

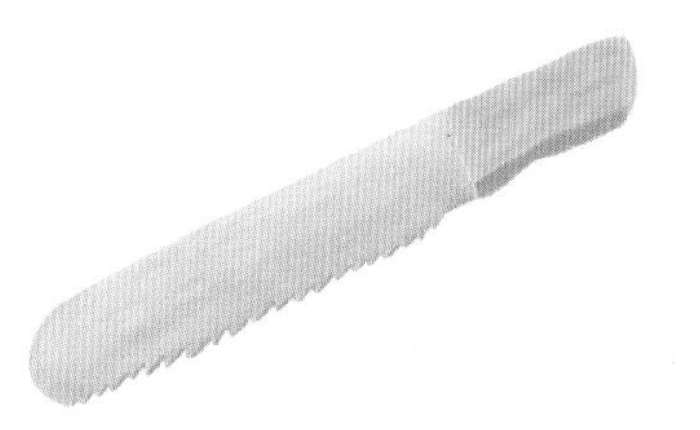

no.| ***05.***

面 包 刀

如果你平时喜欢做面包和吃面包那它一定必不可少。面包刀能把面包切得更平整，特别是切一些比较硬的欧式面包也只有它能胜任了。

no.| ***06.***

磨 刀 棒 & 磨 刀 石

刀具要经常打磨才会保持锋利，我特别推荐磨刀棒，每次料理前在磨刀棒上蹭一蹭会让你在切割时更轻松。而如果刀已经变得特别钝，则需要磨刀石出马了。需要注意的是，应掌握正确的磨刀方式并选择适合的磨刀石才能将刀磨好，否则刀反而会被磨钝或受到损伤。

no.| ***07.***

量 勺

如果需要做烘焙，那么量勺是必备的。特别是甜品制作比较特殊，用量有偏差会影响口味甚至导致失败，而量勺可以很快速地把握食材重量的精准度。

3. 砧板

no.| ***01.***

竹制砧板

竹制砧板是我最早使用的砧板类型。拼合而成的竹制砧板因含有黏合剂可能会产生有害物质，并且容易滋生细菌，整块的竹制砧板则相对安全卫生。不过由于其硬度高，所以也有伤刀的烦恼，而且容易发霉和变形。

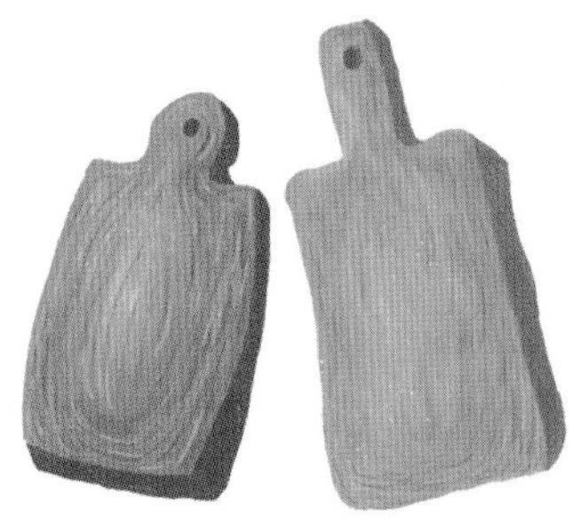

no.| ***02.***

木质砧板

木材是非常适合用来做砧板的天然材料，比如银杏木、桧木、榉木、榆木等，这些木料密度适中、木纹细腻、不起木屑，切割时的刀感会更加舒适。

我日常所用的就是一块整木银杏砧板。相较于其他木材砧板，银杏木砧板会更有弹性，刀感极为舒适，不过需要前期做好保养。一般刚买回的银杏原木砧板需要在浓盐水泡将近一周，取出后晾干到表面发白，然后涂抹食用油，每涂一遍等待晾干后再涂再晾干，直到不怎么吸油才可以，这样后续只要好好保养就不易发霉和干裂。每次使用完洗净后需擦干放在通风比较好的地方吹干。

还有西方常见的砧板木料，比如橄榄木、枫木、黑胡桃木、樱桃木、橡木等，这些木材制作成的砧板木纹非常优美，造型和设计感更强，但都属于硬木，刀感并不好，不太适合在日常中长期切配，由于孔隙小非常容易清洁，用来当作面包板或者切水果是比较适合的，除此之外，还能用来当作美食摄影道具或是摆设在厨房。

no.| ***03.***

合成砧板

还有一种市面上比较火的合成砧板，采用了抗菌功能的合成橡胶，表面是仿木纹材质，但在实际应用中切菜的刀感和优质的木质砧板相比还是差一些。这类砧板由于比较薄，也不适合用来剁，但优点也很明显，即更容易抗菌，同时也更容易清洁和保养，不吸水也不会担心发霉，每次只需洗净擦干即可。

4. 厨房小家电

no.| *01.*

破 壁 机

如果平时有制作蔬果昔或是各种饮品的习惯可以准备一台破壁机。破壁机超高转速能瞬间击破蔬果以及种子的细胞壁，有效地提取植物生化素，从而让身体吸收更多的营养素。不仅如此，它还可以制作浓汤、酱料、植物奶等，可以说有了它你的三餐会更多姿多彩。

no.| *02.*

料 理 机

破壁机在处理一些比较干的食材时总会显得心有余而力不足，例如制作坚果酱、鹰嘴豆泥等，且机器本身容易受到损伤，这时就需要料理机来帮忙了，它宽大的杯身能够很轻松地胜任这些工作。

no.| *03.*

手 持 搅 拌 棒

手持搅拌棒也是一件厨房里的好帮手，它可以快速地制作浓汤，可以直接伸到锅里将食材打碎，免去了倒入破壁机的麻烦，同时也比破壁机更好清洁，不仅如此，制作一些分量很少的酱料也非常方便。

no.| *04.*

烤 箱

烤箱的好处是有时候你不需要开火就能完成一份美食，免去了油烟的烦恼。如果你的饮食以西餐为主，那么烤箱是必备的一个小家电。它可以烘烤西式面包、比萨等，还能烤各种美味的蛋糕，制作一些烤薯条等小吃。

常备食材

1. 油

no.| ***01.***

橄榄油

毫无疑问橄榄油是我用得最多的油，其主要成分为不饱和脂肪酸，相对于其他油会更加健康一些。

no.| ***02.***

椰子油

在制作甜品时我常会用椰子油替代黄油。椰子油在一定的温度下会变成固体状态，其浓郁的椰香非常让人着迷。

no.| ***03.***

芥花籽油

芥花籽油的耐热性和烟点都比较高，我一般会用其来制作蛋糕、麦芬之类的甜点，或是用来油炸都是非常不错的选择。

no.| ***04.***

芝麻油

芝麻油有着非常强烈的香气，但不宜加热，多用于凉拌菜或者制作汤羹起锅的时候加几滴提升香气，凉拌绿叶菜加一些香油是非常速配的组合。

no.| ***05.***

花椒油

花椒油通过以花椒为媒介混合其他植物油而制成，我非常迷恋花椒油的味道，每到花椒盛产的季节我都会做上几罐，比起市售的花椒油，用鲜花椒现做的花椒油麻味和香气都会高出一大截。平时吃凉拌菜和中式面条以及蘸水加上一点花椒油会非常提味儿，微微的麻香总有一种亲切的家乡味儿。

2. 盐

no.| ***01.***

海 盐

海盐是我使用得最多的盐，它经过了更少的加工，相对于市面上的精制盐更健康。

no.| ***02.***

喜 马 拉 雅 岩 盐

它是存在于喜马拉雅岩石上的盐，由于其粉红色的外表，别名也叫“玫瑰盐”。它的氯化含量在 98% 左右，其中包含人体所需的十几种矿物质，是名副其实的“盐中之王”。

no.| ***03.***

印 度 黑 盐

印度黑盐也是一种岩盐，在印度料理中比较常见，由于外表比较黑常被人们称为黑盐，但其实研磨精细后会发现它带有明显的粉红色和灰色。印度黑盐的另外一个特点是它散发着一点点鸡蛋的味道，直接入口就能很明显地感受到。我常用它配合营养酵母和姜黄粉来制作豆腐，成品和鸡蛋还有点傻傻分不清。

3. 醋

no.| ***01.***

香 醋

以糯米为原料酿造，味道比较香甜、柔和，不会特别酸，适合用来做凉拌菜。

no.| ***02.***

陈 醋

以高粱为原料酿造，酿造时间更长，酸味更浓、更厚重，通常用于需要突出酸味而颜色较深的菜肴中。

no.| ***03.***

米 醋

以大米为主要原料酿造，通常用在不会影响色泽的菜品中，比如绿叶菜类。

no.| ***04.***

苹 果 醋

由苹果制成的发酵液体，通常会用在饮品或者用来做沙拉酱。

no.| ***05.***

意大利黑醋

醋味道醇厚、酸中带甜，是以葡萄为原料酿造而成的，通常用来做沙拉。

4. 甜味剂

no.| ***01.***

枫糖浆

枫糖浆由糖枫树的树汁熬制而成，清香可口、甜度适宜，是加拿大最有名的特产之一，我经常用它来替代蜂蜜。

no.| ***02.***

椰枣

椰枣简直是素食者的福音，甜度极高又美味，被称为“天然糖果”完全不为过，我非常喜欢用它制作蔬果昔时增加天然的甜味，天然的糖分升糖指数很低又健康，实属爱吃甜食者的福音。

no.| ***03.***

赤砂糖

赤砂糖颜色比白砂糖偏黄，但白砂糖是用动物骨炭灰过滤漂白剂漂白而成，所以选择用赤砂糖会更天然。

no.| ***04.***

椰子花糖

椰子花糖取自椰子花汁液，不含添加剂，比起蔗糖有更高的营养价值，并且升糖指数比普通糖类低很多，是纯天然的健康糖。此外。它还具有微微的焦糖香，用来代替普通糖类是很好的选择。

5. 常备豆类

no.| ***01.***

鹰嘴豆

鹰嘴豆是我吃得最多的豆类，有板栗的清香与口感，营养又很超群，不愧为“豆中之王”。

no.| ***02.***

黄豆

黄豆通常被我用来做豆浆或入菜。

no.| ***03.***

绿豆

夏天时做一碗绿豆汤真的很适合，好喝又解暑。

no.| ***04.***

红扁豆

红扁豆非常好烹饪，不需要浸泡也能很快煮熟，味道还非常好，我喜欢把它加入汤品里或者沙拉里。

no.| ***05.***

红腰豆

颜色好看，软软绵绵的也很好吃，味道也不输鹰嘴豆。

no.| ***06.***

豆腐

豆腐是素食中的大明星，可以说在素食中有着很重要的地位了。

no.| ***07.***

天贝

天贝是以大豆发酵而来的，并且它比普通豆类更容易消化吸收，吃了也不会胀气，不过很多人吃不惯，其实让它好吃的窍门就是多用香料和酱料烹饪它，酸辣、麻辣的味型很适合它。

6. 常备五谷

no.| *01.*

藜 麦

素食界的明星食物，营养超群热量却极低，是五谷中的高蛋白，最主要是它非常容易烹饪，是五谷当中我吃得最多的一种。

no.| *02.*

黑 米

黑米皮层含有花青素，经常食用还有抗衰老的作用，喜欢它煮好后酷酷的紫黑色，经常食用还会有滋养肾脏的功效。

no.| *03.*

糙 米

糙米是稻米脱壳后的米，保存了完整的稻米营养，富含蛋白质、脂质、纤维及维生素 B_1 等，但要将它煮到合适的硬度才更好消化吸收，有些人会觉得糙米口感会比较粗糙，但其实吃习惯了会感觉糙米更有嚼劲、更香。

no.| *04.*

小 米

我通常会用小米熬粥，质量好的小米熬出来会有很厚一层米油，搭配山药或者红薯，放一些红枣、枸杞，在阴冷的清晨喝上一些非常暖胃。

no.| *05.*

荞 麦

荞麦是一种营养高热量低的食材，煮在饭里口感会差一些，但用来煮粥或是加一点在沙拉里会很好吃。

no.| *06.*

传 统 燕 麦

和普通即食燕麦不一样，传统燕麦是生燕麦经过粗加工先蒸熟、压扁，再熟制干燥就得到了一片一片的燕麦。传统燕麦质地相较于即食燕麦更粗糙，需要用水煮 5 ~ 10 分钟就能得到一碗黏稠柔软又带着燕麦嚼劲的燕麦粥了，同时麦香味也比即食燕麦更足。

7. 常备坚果

no.| ***01.***

巴 旦 木

巴旦木可以用来制作杏仁奶，不过我通常会混合一些南杏仁来增加杏仁香气。

no.| ***02.***

腰 果

腰果可以用来制作一些素食酱料，我经常会用它代替奶制品制作素奶油和芝士。

no.| ***03.***

南 瓜 子

南瓜子含有大量的锌和蛋白质，可以在吃酸奶、沙拉、三明治时加入来增加营养。

no.| ***04.***

开 心 果

开心果是一种高营养食品，明代医学家李时珍认为，开心果可以“去冷气、令人肥健”“治腰冷”，对人体具有很好的补益肺肾作用。

春日食单 Spring

CONTENTS

主食 / Main Courses

早餐 / Breakfast

甜品 / Dessert

夏日食单

Summer

主食 / *Main Courses*

早餐 / *Breakfast*

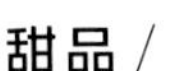

甜品 / *Dessert*

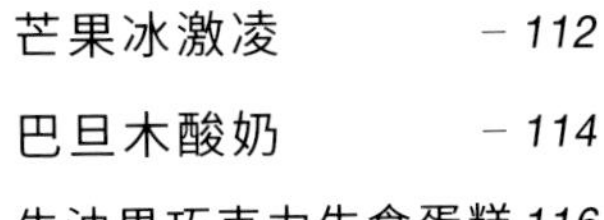

CONTENTS

秋日食单 *Autumn*

主食 / *Main Courses*

早餐 / *Breakfast*

甜品 / *Dessert*

冬日食单 Winter

主食 /
Main Courses

早餐 /
Breakfast

甜品 /
Dessert

春日食单

Spring

no. 01 Main Courses

艾草青团

“清明时节雨纷纷，路上行人欲断魂”，每到清明节各家都开始制作起青团，那一抹绿当然来自清明的代表性食材——艾草。清明是吃艾草的最佳节日，4月的艾草鲜嫩度和营养都刚刚好，试着把它做成青团放入便当盒，在一个和风日丽的周末和朋友一起去户外野餐时享用吧！

材料/Ingredients

Title. 青团外皮

- 澄粉 …… 45克
- 开水 …… 75克
- 糯米粉 …… 150克
- 艾草 …… 160克
- 水 …… 150毫升

Title. 酸菜笋丁馅

- 酸菜 …… 70克
- 豆干 …… 1块
- 春笋 …… 100克
- 芹菜 …… 60克
- 香菇 …… 3朵
- 姜末 …… 4克

材料/*Ingredients*

Title.	花生枣泥馅
椰枣	60克
熟花生碎	3大匙
原味花生酱	2大匙
椰子油	1小匙
黄豆粉	3大匙
枫糖浆	1大匙
海盐	¼小匙

Title.	调味料
生抽	1大匙
赤砂糖	½小匙
水淀粉	适量
清水	150毫升

步骤/*Steps*

1. 将艾草加水打碎，倒入纱布过滤，碗里加入澄粉和开水快速搅拌成团，接着加入糯米粉和艾草汁揉均匀，分成个重37克的剂子。

2. 春笋焯水8分钟在盐水中浸泡一夜，将所有食材切丁，锅烧油下姜末、酸菜、香菇炒香，下豆干和芹菜后用生抽和糖调味，加入少量水后用水淀粉收汁备用。

3. 椰枣用开水泡软去核后用石臼碾碎，取出后和其他材料一起混合均匀，冷冻15分钟后搓成个重30克的圆球。

4. 面团揉成球在中间开个窝，填入馅料后像包汤圆一样包好，蒸锅底部刷油蒸8~10分钟。

TIPS

也可以用菠菜或者大麦青汁代替艾草。

no. 02 Main Courses

菠萝咖喱炒饭

一到春天菠萝就开始大量上市。菠萝酸甜可口且果香味非常浓郁，所含的芳香成分可促进唾液分泌，增加食欲，具有健胃消食的作用。当你觉得没有胃口时试试用它来炒饭吧，一定会让你胃口大开。

材料/*Ingredients*

Title.	食材
菠萝	¼个
豌豆	40克
胡萝卜	半根
紫菜	适量
糙米饭	300克
松子	25克
腰果	15克
芽苗菜	适量

Title.	调味料
咖喱粉	2小匙
酱油	2小匙
红糖	½小匙
海盐	适量
辣椒粉	½小匙
白胡椒粉	½小匙

步骤/*Steps*

1. 将胡萝卜切成颗粒，在沸水中加盐下豌豆煮到绵软。紫菜撕碎，放少量油和松子一起炒一炒，变得酥脆后捞出备用。再次烧油加入豌豆和胡萝卜炒香，调小火加入咖喱粉、辣椒粉、红糖炒香。

2. 加入米饭炒到松散，锅边淋入酱油再次炒出香味，最后加入紫菜、松子、菠萝块拌匀，装盘后撒几颗焙香的腰果，装饰芽苗菜即可。

no. 03 Main Courses

春饼

春天里很多人都有吃春饼的习惯，这种习俗名叫『咬春』。该习俗起源于唐朝，由于立春时春回大地，万物复苏，各种蔬菜发出嫩芽，人们便用面皮包着五彩缤纷的时令蔬菜，并将这种食物取名为春饼，寓意五谷丰登。人们并将它互相赠送，取欢喜迎春、祈盼丰收之意。

材料/*Ingredients*

Title. **饼皮**

中筋面粉 ……………… 300克
70°C~80°C水 ……… 150克
油 ………………………… 10克

Title. **配菜**

莴笋头、土豆、木耳、芹菜、折耳根、花生、豆芽、酸萝卜、老豆腐

Title. **调味料**

生抽 ……………………… 1大匙
油辣子 …… 2大匙（见*14*页）
花椒粉 ………………… ½小匙
姜泥 ……………………… 1小匙
赤砂糖 ………………… ½小匙
香醋 ……………………… 1小匙
香菜 ……………………… 1小把

TIPS

也可以用市面上的饺子皮代替春饼皮。

1

2

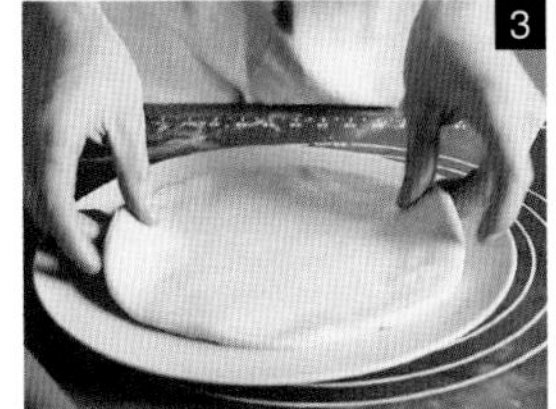
3

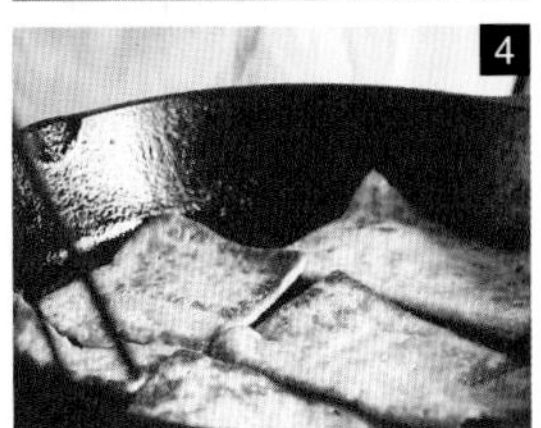
4

步骤/*Steps*

1. 加入饼皮部分所有材料搅拌成絮状并揉成光滑的面团，然后密封饧面 20 分钟，其间并将所有配菜切丝备用。

2. 面团饧好分成个重 20 克的剂子，按扁擀成大概是饺子皮厚度的均匀的面片。给每一片面片刷油，然后 7~8 张一组叠在一起。

3. 先用手轻轻从面片中心往四周按压，再用擀面杖从中间往上下左右擀开，其间注意将饼皮翻面再重复动作，擀成直径 18 厘米左右的圆形。将盘子刷上一层油，放入叠好的面皮，放入蒸锅水开后蒸 10 分钟。

4. 老豆腐切片撒盐煎到金黄切丝备用。沸水中加入盐，依次将蔬菜焯水，土豆丝、木耳丝煮 2 分钟即可，其他蔬菜煮 20 秒就出锅。

5. 焯水后的蔬菜摊开放凉，接下来将调料部分混合好。将蒸好的面皮轻轻撕开，依次码上配菜，蘸上调料边卷边吃更有乐趣。

no. 04 Main Courses

韩式拌饭

韩式拌饭是时下非常受欢迎的一道料理，在配菜的配色方面蕴含着“五行五色五脏”的原理。将各色的蔬菜与米饭在锅中加热，滋啦啦的声音伴随着锅巴的香气会瞬间让你胃口大开。

材料/*Ingredients*

Title.	食材
胡萝卜	2根
莴笋头	1根
口蘑	5个
豌豆	150克
菠菜	120克
豆芽	100克
熟芝麻	适量

材料/*Ingredients*

Title. **调味料**

酱油 ………………………… 2小匙
香油 ………………………… 2小匙
纯素韩式辣酱 ………… 2大匙
苹果 ………………………… ¼个

步骤/*Steps*

1. 莴笋去皮和胡萝卜一起切成细丝，分别加盐腌制10分钟。然后略微挤干水分备用。

2. 锅烧水加入盐下豌豆煮到绵软，随后分别下豆芽和菠菜焯水1分钟，略微挤干水分后切成合适大小，加入香油和盐拌一拌。

3. 口蘑切片，锅烧油下口蘑，撒适量海盐，煎到金黄且水分收干后出锅。接着将胡萝卜丝、莴笋丝大火翻炒几十秒出锅备用。

4. 在碗里加入韩式辣酱、酱油，取一个比较甜的苹果磨成泥混合均匀备用。锅子底部抹上一大匙香油，加入热米饭铺开，铺上菜码后开小火，听到锅底部发出滋啦啦的声音后撒上碾碎的白芝麻即可。

TIPS

加入苹果可以为酱汁提供天然鲜甜味且不会抢掉蔬菜的味道。

no. 05 Main Courses

香菇昆布高汤

香菇昆布高汤是一款比较快手的高汤，不用花太多时间，也不用准备太多食材就可以制作。这款高汤可以替代传统的日式高汤，特别适合运用到汤锅类的菜肴中。

材料/*Ingredients*

Title.	食材
昆布	10×10厘米
干香菇	3朵
纯净水	1升

步骤/*Steps*

昆布和香菇擦去灰尘，加水浸泡一晚上。连同水一起开最小火煮 12~15 分钟，取出昆布，否则容易煮出它的黏液和腥味，继续煮 5 分钟，稍微放凉后过滤，倒入冰格中冷冻即可随取随用。

TIPS

1. 此款高汤不作单独使用，需要搭配其他配料才能发挥它的作用。

2. 昆布和香菇不要用水洗，否则会洗掉表面的鲜味物质。

3. 如果比较急用可以将昆布掰成小片，香菇干用剪刀剪成条，加入冷水开最小火慢煮，直到表面微微沸腾后关火，盖上盖子再浸泡 15 分钟，一份快速香菇昆布高汤就完成了。

no. 06 Main Courses

和风豆腐

豆腐的做法种类繁多，著名川菜麻婆豆腐更是闻名中外，但做得次数多了难免也想换点花样儿。偶然间，我看到一道日料版本的麻婆豆腐，便迫不及待地开始倒腾起来。将传统日式高汤用昆布香菇高汤代替，肉末部分用鲜嫩的豌豆和嫩滑的姬菇代替。春天的豌豆自带鲜甜，各种食材融合在一起，虽然没有那么麻辣，但同样下饭，味道更多了几分鲜美与柔和。

材料/*Ingredients*

Title.	食材
嫩豆腐	350克
生姜	8克
鲜豌豆	⅓杯（约80克）
姬菇	100克
香菜	适量

材料/*Ingredients*

Title.	调味料
赤味噌	1大匙
赤砂糖	1小匙
生抽	1大匙
白胡椒粉	½小匙
青花椒面	½小匙
水淀粉	适量
海盐	适量
香菇昆布高汤或水	500毫升（见*10*页）

步骤/*Steps*

1. 将豆腐切成2厘米的正方体，随后将豌豆和姬菇切碎备用。碗里加入酱油和味噌并用水稀释成流动状。冷水下锅放入豆腐，加入适量生抽和盐，开小火煮到微微沸腾后将豆腐倒入滤网中备用，这一步是去除豆腥味的同时让豆腐有一个底味。

2. 锅烧油加入姜末、豌豆、姬菇炒香，加入调好的酱汁和香菇昆布高汤开大火煮沸，加入一点儿盐调底味，放入豆腐中大火煮5分钟。

3. 当汤汁剩一半时将火调小加入水淀粉，用铲子轻推混合均匀再加第二次水淀粉将汤汁收紧，出锅后撒青花椒面和香菜即可。

no. 07 Main Courses

四川油辣子

油辣子是我家中必备的调料，做凉拌菜、面食、蘸料等都少不了它。油辣子除了能增加食物的辣味还能增加香气，同时也能让食物色泽更红亮，看着更有食欲。至于油辣子的做法，每家都有一套，这里分享我自己制作的一套方法供大家参考，不使用五辛也一样很香。

材料/*Ingredients*

Title. **食材**

二荆条干辣椒 ·········· 100克
灯笼椒 ·········· 40克
菜籽油 ·········· 600克
红花椒 ·········· 8克
海盐 ·········· 10克
水 ·········· 1大匙(15毫升)
生姜 ·········· 15克
芹菜 ·········· 50克
香菜 ·········· 1把
胡萝卜 ·········· 60克
香叶 ·········· 3片
桂皮 ·········· 10克
八角 ·········· 2个
草果 ·········· 1个
小茴香 ·········· 4克
芝麻 ·········· 30克

步骤/*Steps*

1. 用厨房纸擦干净辣椒表面的灰尘，用剪刀将辣椒剪成段儿，开小火将锅烧热，加入一大匙油，然后加入辣椒节和花椒粒不停翻炒，注意这里一定要用最小火，否则容易炒煳。闻到辣椒香气说明火候差不多了，大概是辣椒籽变成土黄色的程度即可，倒出来摊平让其放凉。然后用石臼将辣椒碾成中粗的辣椒面。

2. 将余下的三分之一包括辣椒籽一起碾碎成特别细的辣椒面，利用细辣椒面的目的是释放出更多的辣椒红素，使得辣油变得非常红亮。

3. 锅里加菜籽油加热到冒烟，大概到230℃的样子，这一步是为了去除生油味儿。关火将油温放凉到180℃，将草果和生姜拍散，胡萝卜切片，再次开最小火小心地加入芹菜、胡萝卜、生姜、香菜以及所有香料，注意要擦干蔬菜上的水以免炸油。待食材变得微微枯黄后全部捞出，关火倒入白芝麻炸20秒，将油温放凉到150℃，然后淋入三分之一的热油到粗辣椒面上，边淋边搅拌。

4. 油温降到130℃，再次淋入三分之一的热油到粗辣椒面上，立即加入细辣椒面搅拌均匀后加入一大匙水降低油的余温，剩余三分之一的油降到90℃后全部倒入搅拌均匀。

5. 辣椒油加盖焖一焖，稍微放凉后装入罐子中，此时还不是食用最佳时机，盖上盖子密封1~2天辣椒油会更香，颜色会更加红亮。等辣椒颗粒沉底后，上面会有很厚的一层红油，此时将它倒出一些分开储存即可得到一罐红油。

TIPS

1. 干辣椒种类不受限制，可以选择当地的辣椒品种。分量不要做太多，放久了也就不香了，做小份能保证每次吃到完美的辣椒油。

2. 辣椒节需要用很小的火不停翻炒，切勿炒煳了，否则就没有了香气。油温过高辣椒面也会煳掉，所以新手最好使用温度计比较保险。

3. 红油和油辣子应分开使用，红油主要是提香增色，辣度非常微弱，常用于凉拌菜，而油辣子是红油和辣椒的混合，可以用来做面条、饺子蘸料等。

no. 08 Main Courses

红油水饺

红油赤酱拌以洁白如玉的饺子，想想都让人垂涎欲滴。油辣子可以说是饺子的灵魂蘸料了，一勺香辣的油辣子会瞬间提升这道菜的美味，附着在饺子身上一抹醒目的橙红色更是能瞬间激发你的食欲。

材料/*Ingredients*

Title.	食材
中筋面粉	400克
冷水	230克
老豆腐	230克
胡萝卜	100克
蟹味菇	50克
香菇	3朵
腰果粉	30克(可选)
豌豆尖	220克
芹菜	40克
冬粉	45克

Title.	调味料
酱油	1小匙
五香粉	¼小匙
胡椒粉	¼小匙
香油	1大匙
海盐	适量

Title.	蘸料
姜泥	½小匙
酱油	1大匙
香醋	1大匙
油辣子	1大匙(见*14*页)
赤砂糖	1小匙

1

2

步骤/*Steps*

1. 面粉里加水揉10分钟直到面团变得光滑，随后密封饧面20分钟。将豌豆尖切碎加盐拌匀静置10分钟，出水后略微挤干水分。将冬粉煮软后切细碎，其他食材切碎或者用机器搅碎备用。面团饧好后分成均匀大小的剂子，然后擀成薄片后盖上餐布防止风干。

2. 锅烧油下菌菇、胡萝卜、姜末一起炒出香味儿，等待菌菇金黄水分开始收干后盛出备用。再次加入油，加入豆腐碎铺平，煎到金黄后出锅。将处理好的食材全部混合，加入所有调味料混合均匀。取适量馅料包成自己喜欢的饺子形状。水烧沸下饺子，中途加3次冷水煮约8分钟捞出。在碗里加入蘸水部分的所有调味料，再加入少量煮饺子的汤，最后撒上香菜即可。

TIPS

加3次冷水能防止饺子一直翻滚将皮冲破，也会让饺子皮更筋道。

no. 09 Main Courses

荠菜豆腐盒子

春天是吃野菜的季节，其中荠菜的味道尤为鲜美。记得小时候看到大人们在田野里挖荠菜，用来做饺子馅或是炒春笋可美味了。我这次用它做了豆腐盒子也非常好吃，搭配菌菇和豆腐，味道不比韭菜盒子差。

材料/*Ingredients*

Title.	食材
中筋面粉	200克
85°C~90°C 水	120克
荠菜	1把
蟹味菇	90克
老豆腐	150克
粉丝	1小把

Title.	调味料
香油	1小匙
白胡椒粉	¼小匙
香油	适量

步骤/*Steps*

1. 面粉里加热水拌匀静置20分钟，揉成光滑面团后饧面30分钟。煮熟的粉丝略微切碎，荠菜焯水稍微挤干水分后切细碎。

2. 锅烧油下切碎的蟹味菇和豆腐，加盐调味，炒到金黄后加入荠菜，加入粉丝和白胡椒粉拌匀出锅。将面团分成均匀的剂子后擀成大薄片，填入馅料，对折后按压封口处，再简单地做个花边。

3. 铸铁锅烧热不放油，放入荠菜盒子，一面煎金黄后翻面，再加盖让它焖一会儿，立起来将底部也烙一烙，最后蘸香醋吃就非常美味。

no. *10* Main Courses

牛油果反卷寿司

三月的春天温暖舒适，特别适合外出春游去感受大自然的绿意，寿司美味又健康还方便携带，用来当作野餐食物再好不过了。

材料/*Ingredients*

Title.	食材
珍珠米	1杯
糯米	半杯
杏鲍菇	1根
胡萝卜	30克
黄瓜	半根
老豆腐	150克
牛油果	半个
红藜麦	适量
松子	20克
亚麻籽苗	适量

材料/*Ingredients*

Title. **调味料**

寿司醋 ………………… 2.5大匙
橄榄油 …………………… 适量
海盐 ……………………… 适量

Title. **寿司醋**

有机糙米醋 … $\frac{1}{2}$杯（125毫升）
赤砂糖 ……… $\frac{1}{4}$杯（约 50 克）
海盐 ……………………… 2小匙

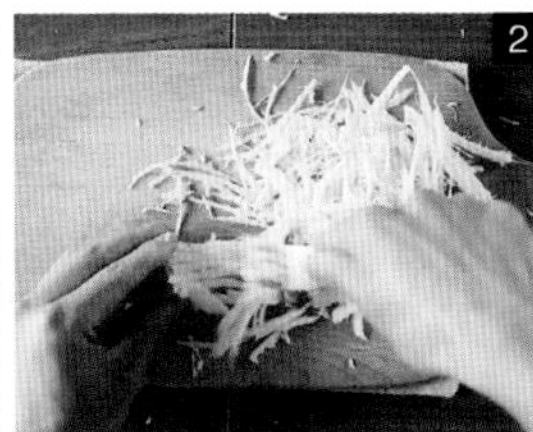

步骤/*Steps*

1. 将寿司醋部分的材料混合，放入赤砂糖静置半小时以上使其完全溶化，加入密封罐中保存随取随用。糯米和大米清洗两遍用温水浸泡 60 分钟，倒掉水加入电饭煲，加入约高出米粒一个指甲盖的水量，煮好后焖 5~10 分钟。

2. 杏鲍菇切掉根部再用叉子刨成丝，这样口感会更有嚼劲。锅烧油下杏鲍菇丝摊平，开中火慢慢等待菇丝变金黄，用筷子搅动继续翻炒到水分略干后出锅备用。

3. 老豆腐切薄片，加盐和油煎到金黄，分别将豆腐和去皮的黄瓜切成条状。将热米饭放入托盘中摊开放凉到温热后加入寿司醋拌匀。

4. 在砧板上铺上海苔，然后用勺子蘸水后铺上米饭，用擀面杖将松子碾碎撒在米饭上，将海苔翻个面放在保鲜膜上。依次码上配菜，用寿司帘卷成圆柱形，将保鲜膜揭开放入牛油果薄片，最后再用保鲜膜包裹，利用寿司帘整形。刀子抹一些水连同保鲜膜一起切开，最后装饰亚麻籽苗和煮熟的红藜麦。

TIPS

你也可以制作常规版寿司，
将食材摆在米饭中心，
用寿司帘卷起来即可。

no. 11 Main Courses

芹菜香干炒蚕豆

蚕豆富含碳水化合物，既可以作为粮食，还可以作为蔬菜，其蛋白质含量仅次于我们日常食用的大豆。春天的蚕豆特别鲜美，搭配 Q 弹的豆干以及鲜嫩的芹菜清新又爽口。

材料/*Ingredients*

Title.	食材
豆干	2块
芹菜	2根
蚕豆	300克
生姜	8克
生抽	1小匙
海盐	适量
蔬菜高汤或水	100毫升（见*30*页）

步骤/*Steps*

1. 蚕豆去皮后分成两半，芹菜从尾端起撕掉经络，然后和香干一起切丁备用。

2. 姜切丁，锅烧油下姜丁爆香，再下蚕豆和豆干翻炒到表面微焦，加入少量蔬菜高汤或水，盖上盖子中火焖 2 分钟。

3. 下入芹菜大火翻炒，加入生抽和海盐炒出香气后即可起锅。

TIPS

去蚕豆壳别怕麻烦，多一点点耐心就能享受到 10 分的美味。

no. 12 Main Courses

四川担担面

担担面是四川传统名小吃，因为早期是用扁担挑在肩上沿街叫卖，所以叫作担担面。我用天贝和鲜豌豆代替肉末，炒香后味道丝毫不逊色。俗话说：春吃豆，赛过肉。春天的豌豆特别鲜嫩，加入菜肴中味道真的会特别出彩。

材料/*Ingredients*

Title. 食材

- 印尼天贝 ········ 120克
- 鲜豌豆 ········ 100克
- 香菇 ········ 2朵
- 生姜 ········ 6克
- 新鲜碱水面 ········ 100克
- 宜宾芽菜 ········ 2大匙
- 熟花生碎 ········ 1大匙
- 香菜 ········ 1株

Title. 臊子调味料

- 生抽 ········ 1大匙
- 赤砂糖 ········ ½小匙

Title. 面条调味料

- 香油 ········ 1小匙
- 红油 ········ 2小匙（见14页）
- 麻酱 ········ ½小匙
- 生抽 ········ 2小匙
- 香醋 ········ 1小匙
- 花椒面 ········ ½小匙

1

2

步骤/*Steps*

1. 豌豆加盐煮 10 分钟到绵软后用叉子碾碎备用，将生姜切末，天贝和香菇切丁。将芝麻酱用红油和香油稀释开，放余下的所有调味料，再加 2 大匙开水拌匀。注意担担面属于半干型面条，所以水不要太多。

2. 锅烧油加入姜末、宜宾芽菜、香菇炒香，下天贝和豌豆，炒到天贝金黄后加入生抽和糖炒香后备用。将煮好的面加入碗中，加入炒好的材料，最后撒一些花生碎和香菜。

no. 13 Main Courses

豌豆罗勒青酱意面

我喜欢用豌豆和罗勒捣成泥制作成豌豆青酱意面，简单调味就十分美味。豌豆不仅好吃还能美容养颜，据《本草纲目》里记载，豌豆具有“祛除面部黑斑，令面部有光泽”的功效。

材料/*Ingredients*

Title. **食材**

鲜豌豆 ······················ 100克
圣女果 ······················ 10个
甜罗勒 ······················ 1小把

Title. **调味料**

橄榄油 ······················ 2大匙
海盐 ························ $\frac{1}{2}$小匙
黑胡椒 ······················ $\frac{1}{4}$小匙
柠檬汁 ······················ 1小匙
松子 ························ 1大匙
腰果芝士 ····· 15克(见*88*页)
饮用水 ······················ 80毫升

步骤/*Steps*

1. 将豌豆剥壳，在沸水中加盐煮到绵软。圣女果对半切，加盐混合后放入烤盘中，烤箱200℃预热后烤15分钟左右。

2. 豌豆沥干后和松子、罗勒叶一起在石臼中捣碎，加入盐、橄榄油、黑胡椒混合成酱。水里加盐煮好意面，捞出和捣好的酱混合，挤入一些柠檬汁，如果太干可以加一些煮面水，装盘后用擦板磨一些腰果芝士即可。

no. *14* Main Courses

香椿芽烧豆腐

香椿芽是香椿树的嫩芽，被称为『树上蔬菜』。有民谚：『三月八，吃椿芽。』每年农历三月，正是香椿芽上市的时节。春天多吃芽类蔬菜可以促进阳气生发，顺应时令。

材料/*Ingredients*

Title. **食材**

香椿芽 ······ 50克
老豆腐 ······ 300克

Title. **调味料**

海盐 ······ 适量
生抽 ······ 1大匙
生姜 ······ 6克
冰糖 ······ 3颗
水淀粉 ······ 适量
郫县豆瓣酱 ······ 2小匙
香菇昆布高汤或水 ··· 小半碗
（见*10*页）

步骤/*Steps*

1. 将老豆腐切成1厘米厚，煎成两面金黄后出锅备用。香椿芽焯水1分钟浸入凉水，然后略微切碎，根部和叶子部分需分开使用。

1

2. 将豆瓣酱在案板上用刀剁碎一些，锅烧油放姜末小火炒香，加入冰糖炒化，再下豆瓣酱小火炒出红油，下香椿芽根部翻炒几下后加入生抽炒香，依次加入蔬菜高汤和豆腐煮2分钟，汤汁快要收干时加入香椿叶，翻炒均匀淋入水淀粉勾薄芡即可。

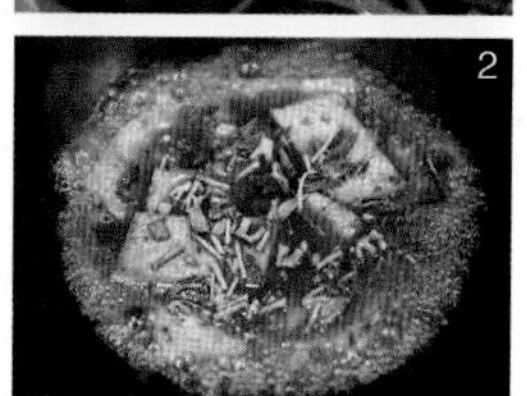
2

TIPS

这道菜要凸显香椿的香气，因此调料不能下得太重。

no.15 Main Courses

蔬菜高汤春夏版

蔬菜高汤集聚了各种蔬菜的香味和精华，用其做出来的菜肴口味会更丰富有深度。可以试试把所有需要加水的料理换成加蔬菜高汤，你会发现此时的料理比以前更好吃了。春末夏初的玉米特别鲜甜，是制作高汤的好材料。

材料/ *Ingredients*

Title.	食材
玉米	2根
茶树菇	150克
番茄	200克
黄豆芽	140克
香菇	65克
生姜	1片
月桂叶	1片
西芹	45克
海盐	1小匙
纯净水	4.5升

步骤/ *Steps*

1. 玉米和西芹切成段，黄豆芽去头尾，香菇和番茄对半切，锅里加少量的橄榄油，加入香菇和茶树菇煸香，加入黄豆芽炒香，随后加入水。

2. 锅中加入西芹、生姜、月桂叶、玉米，随后加入海盐，煮沸后改文火煮 2 小时，加入番茄再煮 1.5 小时，当汤色呈现琥珀色后取出用滤网过滤即可。将煮好的高汤分装在大冰格模具中，脱模后装入保鲜盒随取随用。煮面条或是烹制各种烧菜、汤菜时加入，味道都会更上一层楼。

no. 16 Main Courses

小锅米线

小锅米线是一道云南的特色美食，我尤其喜欢吃细米线，用来煮小锅米线非常入味儿。素食版本的小锅米线将汤底部分巧妙地用豆浆来代替，加上鲜腐竹和炒香的鹰嘴豆碎后风味十足。

材料/*Ingredients*

Title.	食材
鲜米线	150克
莜麦菜	40克
秀珍菇	120克
鲜腐竹	120克
包浆豆腐	150克
熟鹰嘴豆	100克
云南酸腌菜	60克
鲜豆浆	250毫升
香菜	适量
蔬菜高汤或水	800毫升（见*30*页）

Title.	调味料
生抽	1.5大匙
油辣子	1大匙（见*14*页）
海盐	1小匙
赤砂糖	$\frac{1}{2}$小匙
生姜	5克
小米辣	2个

步骤/*Steps*

1. 米线煮到半熟捞出浸入凉水备用。锅烧油加入熟鹰嘴豆和小米辣碎炒香，再略微碾碎。

2. 包浆豆腐煎到两面金黄备用，再次烧油加入生姜和酸腌菜，淋入生抽炒香，依次加入蔬菜高汤、糖、盐。加入腐竹和包浆豆腐煮 3 分钟，下米线、莜麦菜、鹰嘴豆煮 1 分钟，最后加油辣子和香菜即可。

no. *17* Breakfast

黑麦面包

这是一款无油无糖的黑麦面包，通常我会使用波兰种来制作它。波兰种是一种起源于波兰的，比较方便的酵种。波兰种很湿润，由很少的酵母长时间发酵而成。酵种可以改善面包的味道和质地，延长面包老化的时间，你可以理解成我国常用的“老面”。比起“天然酵种”，波兰种的性价比更高。因为它几乎不会失败，也不用喂养，但又有天然面包的风味。

材料/*Ingredients*

Title. **波兰种**

高筋面粉 ·················· 100克
冷水 ························ 100克
酵母 ························ 0.5克

Title. **主面团**

黑麦面粉 ·················· 120克
高筋面粉 ···················· 80克
冷水 ················ 120~130克
海盐 ······· 3克（普通盐减半）
波兰种 ···················· 200克

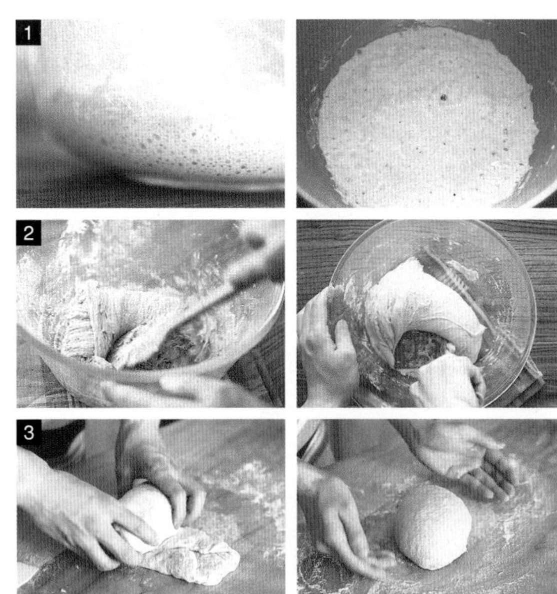

步骤/*Steps*

1. 将制作波兰种所需的所有材料加入面盆中混合均匀，盖上保鲜膜室温静置10~12个小时。波兰种刚开始会慢慢膨胀，之后开始回落，并产生大量气泡呈现出海绵状，闻着有些酸味说明已经准备好了。

2. 在碗里加入主面团部分的所有材料，然后加入波兰种。用硅胶铲开始和面，注意不要上手，因为面团含水量大会很黏手，这时采用折叠揉面法来制作面团。面团混合均匀后盖上湿布静置30分钟，之后取出用硅胶铲将面团上下左右各进行一次折叠，然后盖上湿布再次静置30分钟。此步骤重复4~5次，最后一次你会发现面团开始变得光滑。盖上湿布开始发酵直到面团变成2倍大，夏天室温下需要2~3个小时，冬天可以丢进发酵箱30℃左右发酵。

3. 案板上撒上面粉防粘，取出面团，将面团按扁排气，但注意不要再次揉它，我们需要保留面团中的大部分气泡。将排气后的面团上下折叠，然后再从一端卷起，用手将边缘部分往里收，然后滚圆。

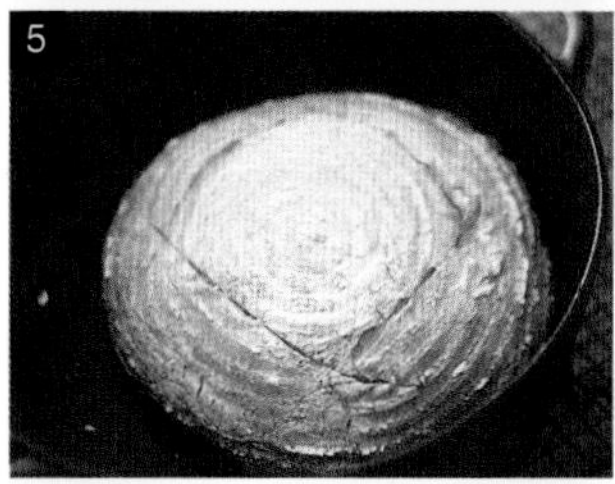

4. 在藤篮中撒上一层厚面粉，将滚圆的面团表面朝下放置在藤篮中，盖上保鲜膜室温发酵至两倍大或者冰箱冷藏一夜慢慢发酵，这会让面包的风味更足。第二天取出面团继续室温静置 1 小时至 2 倍大，同时将烤箱开 230℃预热 1 个小时。为了制造蒸汽让面包更湿润，我们可以放入一个带盖的铸铁锅一起预热。

5. 烤箱预热好后用手套将铸铁锅取出揭盖，然后将藤篮倒扣放出面团。用割包刀在面团顶部割几刀，注意不要停留太久让铸铁锅热量消失太快，盖上盖子将锅放入烤箱 230℃烤 15 分钟。15 分钟后去掉盖子，将温度调低到 200℃继续烘烤面团 25 分钟。面团烤好后不要马上切，放置 1 个小时以上再切片，然后放入密封袋冷冻保存，吃的时候取出解冻，喷一点水用平底锅或者烤箱略微烤一烤即可。

TIPS

1. 二次发酵采用隔夜冷藏慢发酵法是为了延长发酵时间，更好地唤醒谷物的香气和风味，如果没时间也可以直接发酵。

2. 使用铸铁锅是为了营造一个蒸汽环境，让面包内部组织湿润柔软、外皮更碎脆，如果没有铸铁锅也可以把面团直接放烤盘上，在底部烤盘倒点水形成蒸汽也可以有同样的效果。

no.18 Breakfast

全麦贝果面包

除了黑麦面包，冰箱里最常备的还有贝果面包。贝果面包做起来方便快捷，不用发酵那么长时间，做完后抹上各种果酱即可享用。

材料/*Ingredients*

Title.	食材
波兰种	200克
高筋面粉	50克
全麦面粉	100克
赤砂糖	1小匙
海盐	3克
水	55~65克

Title.	糖水
水	750毫升
赤砂糖	35克

1
2
3
4
5

步骤/*Steps*

1. 面盆里加入面粉和波兰种，再加入盐、糖混合均匀静置10 分钟，揉面直到面团略微光滑转移到案板，像洗衣服一样用手掌往前撑开再收回，一直重复这样的动作，直到面团更加光滑，其间可以握住面团在案板上轻轻摔打，让面筋更好地延展。

2. 揪一块面团，直到能拉出略微粗糙的膜即可，揉好后将面团分成 5 等份，然后盖上拧干的湿布松弛 20 分钟。

3. 取出松弛好的面团擀成牛舌状，我抹了一些杏仁酱，也可以不加，然后从一侧卷起来，用手捏紧封口处滚圆。

4. 将面团的一侧用擀面杖擀平，封口朝内，将另一端包裹住。硅油纸剪成贝果大小垫在贝果下面防粘，然后盖上拧干的湿布，放入发酵箱 32℃发酵 30 分钟，之后将糖水部分的材料混合到锅中。

5. 将发酵好的贝果取出，烤箱开 230℃预热，将糖水煮到微微沸腾的程度，加入贝果每一面煮 20～30 秒，用滤网捞出，捞出后趁湿沾上芝麻，底部垫上硅油纸放入烤盘，送入预热的烤箱中层 230℃烘烤 15 分钟，随后翻面再烤3 分钟即可。

TIPS

可根据面粉特质调整面团含水量，烘烤温度也可以根据烤箱特性进行微调。烘烤时间不是固定的，注意随时查看面团状态。

no. 20 Breakfast

亚麻籽花生酱

亚麻籽含有优质的Omega-3，将其磨碎加入花生酱中，其营养更容易被人体吸收。

材料/*Ingredients*

Title.	食材
红皮花生	250克
亚麻籽	3大匙
果干	2大匙
生开心果	¼杯

步骤/*Steps*

1. 花生平铺在烤盘上入烤箱中层150℃烤20~25分钟，取出放凉后去皮。
2. 将亚麻籽在锅中小火炒香，和花生一起加入料理机，先开低速搅拌，然后开高速直到其变得柔滑，最后加一些开心果碎、果干，用筷子搅拌混合即可。

贝果三明治

no.21 Breakfast

利用亚麻籽花生酱可以迅速地做出一份美味又营养的开放式三明治，我用它搭配了贝果面包，再配上一些喜欢的水果就大功告成了。

材料/*Ingredients*

Title.	食材
贝果面包	2个
草莓	2个
黄心猕猴桃	半个
蓝莓	适量
香蕉	半根
薄荷叶	适量
亚麻籽花生酱	2大匙 （见41页）

步骤/*Steps*

1. 将贝果面包对半切，烤到表面酥脆，然后抹上亚麻籽花生酱。

2. 将蓝莓对半切，香蕉和草莓切片，猕猴桃切颗粒均匀地摆在上面，最后装饰薄荷即可。

no.22 Breakfast

菠菜豌豆浓汤

《本草纲目》中认为食用菠菜可以『通血脉，开胸膈，下气调中，止渴润燥。』菠菜是营养成分超高、热量超低的食物，其中胡萝卜素含量为白菜的数倍，堪称『蔬菜之王』，也是维生素B_6、叶酸、铁质和钾质的极佳来源。

材料/*Ingredients*

Title.	食材
豌豆	180克
菠菜	1小把
火麻仁	1大匙
茴香	1株
浓椰浆	1大匙
荷兰豆	适量
熟芝麻	适量
月桂叶	1片

Title.	调味料
海盐	适量
姜末	5克
胡椒粉	$\frac{1}{4}$小匙

步骤/*Steps*

1. 豌豆入沸水中煮到绵软。锅里加少量橄榄油炒香姜末。加入火麻仁和三分之二的豌豆略微翻炒，再加入水，水位高出食材 1 厘米，加入月桂叶和盐煮 2 分钟。

2. 出锅前加入白胡椒粉，取出月桂叶倒入料理机放凉待用。水里加入几滴油煮沸，加入菠菜焯水 1 分钟去除涩味儿，随后加入料理机一起搅拌到顺滑。

3. 将茴香切细碎，锅烧热加橄榄油，下茴香碎和余下的豌豆翻炒，撒入少量海盐炒香后出锅备用。

4. 在碗底均匀地铺好炒过的豌豆，然后倒入打好的浓汤略微淹没表面 1 厘米左右，最后淋上一小勺椰浆 ，撒一些熟芝麻，用焯过水的荷兰豆装饰即可，搭配一些欧包、法棍会很好吃。

no.23 Breakfast

蚕豆香菇藜麦粥

用蚕豆来炖一锅鲜美的粥，在阴冷的清晨喝上一碗会非常温暖。嫩蚕豆煮粥有和胃、润肠通便的功效，搭配藜麦健康又营养，特别适合老人和小孩儿食用。

材料/*Ingredients*

Title. 食材

蚕豆	100克
干香菇	2朵
鲜香菇	2朵
粳米	160克
糯米	30克
藜麦	40克
生姜	5克

Title. 调味料

海盐	适量
麻油	几滴

步骤/*Steps*

1. 干香菇浸泡一夜，糯米、藜麦、粳米用温水浸泡 1 个小时。让米吸饱水分，这样煮出来的粥会更浓稠。干香菇水分挤干和新鲜的香菇一起切成颗粒。

2. 砂锅底部刷一层油，加入菇粒和姜末炒香，接着加入水和小半碗泡香菇的水，煮沸后加入泡好的食材，水开后开小火慢煮。最后 5 分钟加入蚕豆煮到浓稠后加入几滴麻油即可。

TIPS

泡香菇的水是鲜美的关键，干香菇的大部分鲜味儿都在水里面。

no. 24 Breakfast

马兰头核桃薄饼

马兰头又名田边菊，是一种比较常见的春季野菜，其味道非常独特，营养价值也非常高，含有丰富的维生素以及17种以上的氨基酸。我用它搭配核桃做了一份美味的薄饼，坚果的香气和马兰头的融合会让人不自觉地多吃几块儿，它真是我每年春天都要必做的一道美食。

材料/*Ingredients*

Title.	食材
核桃	3个
中筋面粉	120克
海盐	1克
开水	40毫升
马兰头	1大把

步骤/*Steps*

1. 马兰头在沸水里烫10秒后捞出，放凉后稍微挤干水分切碎。

2. 面粉里加入开水迅速拌匀揉成光滑的面团，核桃用石臼碾成细碎，和马兰头一起加入面团中然后揉均匀。

3. 将面团擀成2~3毫米厚的大圆饼，平底锅烧热加入圆饼，两面煎到略微金黄出锅，最后切成三角形即可。

TIPS

马兰头本身含有水分，面团加入开水后相当于一个半烫面，能使圆饼变得柔软的同时保留一些嚼劲。

No.25 Breakfast

肉桂香蕉荞麦松饼

荞麦蛋白质中含有丰富的赖氨酸成分，铁、锰、锌等微量元素比一般谷物更加丰富，且膳食纤维含量是一般精制大米的10倍，所以它具有很好的营养保健作用。浓浓的草莓果香夹着肉桂香蕉的香气，吃在嘴里浓郁中带着一丝丝酸甜。

材料/*Ingredients*

Title.	食材
荞麦面粉	80克
豆奶	120～130克
椰子油	1大匙
花生酱	1.5大匙
泡打粉	1小匙
香蕉	2根
肉桂粉	½小匙
草莓	适量
火麻仁	适量

步骤/ *Steps*

1. 在大碗里加入花生酱，用少量豆奶稀释成柔滑状，加入过筛后的荞麦面粉和泡打粉，在料理杯里加入枫糖浆、豆奶、香蕉，打成顺滑状态，倒入面粉中混合均匀到无颗粒。

2. 面糊搅拌成捞起后会缓缓落下的状态。不粘锅不放油加入一勺面糊，保持小火，顶部开始冒泡后马上翻面，两面金黄后取出。

3. 剩下的香蕉切厚片，锅里加椰子油下香蕉片铺平，撒一些肉桂粉开小火慢煎到两面金黄。

4. 将草莓切片和煎好的香蕉一起夹在松饼中间。最后撒一些火麻仁，如果觉得不够甜可以淋上适量枫糖浆。

no. 26 Dessert

巧克力草莓蛋糕

巧克力口味的蛋糕永远不嫌多，湿润的口感带着浓郁的可可香，奶油部分用豆腐和腰果来替代动物性奶油，热量更低、更健康，吃起来清新不腻。在草莓丰收的季节用其来搭配这款蛋糕，满满的草莓十分诱人。

材料/*Ingredients*

Title. **蛋糕部分**

低筋面粉	250克
芥花油	100克
赤砂糖	105克
可可粉	5大匙
苹果醋	2大匙
海盐	1/4小匙
淡椰浆	165克
苹果泥	120克
泡打粉	1小匙
小苏打	1/2小匙
香草精	1小匙

材料/*Ingredients*

Title. 巧克力奶油

老豆腐 …… 200克
生腰果 …… 110克
椰子油 …… 2大匙
香草精 …… 1小匙
枫糖浆 …… 85克
淡椰浆 …… 150克
玫瑰盐 …… ¼小匙
黑巧克力 …… 85% 150克

步骤/*Steps*

1. 烤箱180℃预热，赤砂糖打成糖粉，所有干性材料用滤网过筛。将苹果削皮加入椰奶打成酱加入面粉中，然后加入余下的所有材料，使用硅胶铲用抄起底部的方式将食材混合均匀，不要大力搅拌以免面粉起筋。使用7寸活底模具，在底部和周围分别铺上硅油纸，倒入面糊，放入烤箱烘烤35分钟左右。

2. 生腰果用开水浸泡半小时洗净加入破壁机，随后将奶油部分的所有材料加入破壁机打成顺滑状态。黑巧克力切成细碎隔着热水融化后分次加入打好的奶油，混合均匀密封冷藏5小时以上。

3. 烤好的蛋糕稍微放凉后脱模，趁温热状态后用保鲜膜密封，放入冰箱静置5小时以上，这一步能让蛋糕更湿润。取出蛋糕后切除顶部，将余下的部分切成3份，每份1.5厘米厚。

4. 取出豆腐奶油搅拌均匀，涂抹在蛋糕胚上，铺上一层草莓片后再铺一层奶油，以此类推。将剩余奶油放入裱花袋挤在四周，然后摆上草莓，中间加入一些巧克力碎，盖上罩子，放冰箱冷藏2个小时会更好切，接着就享用吧！

TIPS

请勿使用发酸的豆腐，新鲜的豆腐才能做出美味的素奶油。

no. 27 Dessert

巧克力香蕉思慕雪

不知道你有没有发现，健身达人都非常爱吃香蕉，这是因为健身时会大量流汗导致钾元素的流失，而香蕉中的钾元素十分丰富，可以迅速补充钾元素增强肌肉耐力，让运动更加有持续性。试试用香蕉搭配可可粉做成巧克力味的思慕雪吧！它一定会让你能量满满。

材料/*Ingredients*

Title. 食材

香蕉 …… 2根
柠檬 …… 1/3个
肉桂粉 …… 1/4小匙
生可可粉 …… 2小匙
椰枣 …… 2个
杏仁奶 … 250毫升（见62页）

Title. 装饰

火麻仁、黑巧克力、椰子片、蓝莓、薄荷叶

步骤/*Steps*

1. 将椰枣去核，柠檬去皮去籽，和余下食材一起用破壁机打成顺滑状态。

2. 将其他食材装饰在表面即可。

TIPS

加入整个柠檬肉会比单独使用柠檬汁得到更多的营养和纤维，不过去皮时需要将白色经络部分去除干净。除此之外，柠檬籽也需要去掉，否则会有苦涩味。

no.28 Dessert

香蕉奶昔草莓布丁杯

用燕麦制作的植物奶搭配香蕉是我非常喜欢的组合。将草莓碾碎混合奇亚籽就能得到漂亮的奇亚籽草莓布丁，我称它为健康版的草莓果酱，配上香蕉燕麦奶会更加出彩。

材料/*Ingredients*

Title.	**食材**
草莓	200克
奇亚籽	1大匙
枫糖浆	50克
燕麦奶	$\frac{1}{2}$杯
纯净水	500毫升
香草精	$\frac{1}{4}$小匙
椰枣	1个
香蕉	1根
格兰诺拉麦片	适量 （见*160*页）

步骤/*Steps*

1. 将草莓用叉子碾碎，加入奇亚籽和枫糖浆拌匀，密封后冷藏一夜。料理机加入燕麦奶和熟透的香蕉搅打成顺滑状态。

2. 在玻璃杯底部加入泡好的奇亚籽草莓布丁，往四周搅拌一下让它挂壁，切一点香蕉丁加入杯底增加口感，最后倒入打好的香蕉奶昔，撒上一些格兰诺拉麦片即可。

NO. 28 Dessert

血橙可可思慕雪

材料/ *Ingredients*

Title. **底层**

- 血橙 …… 1个
- 菠萝 …… 100克
- 生可可粉 …… 2小匙
- 熟鹰嘴豆 …… 150克
- 花生酱 …… 1小匙
- 海盐 …… 1小撮
- 椰枣 …… 4个
- 杏仁奶 … 300毫升(见62页)
- 肉桂粉 …… ¼小匙

Title. **顶层**

- 生腰果 …… 50克
- 纯净水 …… 25克
- 柠檬(取果肉) …… ¼个
- 柠檬皮 …… 半个
- 蓝莓 …… 适量
- 薄荷 …… 适量
- 格兰诺拉麦片 …… 适量 (见160页)

我非常喜欢血橙这种水果，切开后光颜色就很令人惊艳。普通的橙子中含有的优势色素是胡萝卜素，而血橙不仅含有胡萝卜素还含有对人体极为有益的花青素。我用它做了一杯思慕雪来展现其漂亮的横截面，搭配鹰嘴豆和可可粉，成品弥漫着橙香和淡淡的巧克力味，加上带着微微酸甜的菠萝，会让你瞬间充满活力。

步骤 / *Steps*

1. 腰果用开水浸泡半小时洗净。将半个血橙去皮加入料理机，再加入底层部分的所有食材打成顺滑状态。剩余半个血橙贴在杯壁，倒入刚刚打好的材料至杯子三分之二处。

2. 泡好的腰果加入料理杯，加入纯净水，磨半个柠檬皮，加入柠檬果肉打成顺滑状态，将其倒入杯子顶部，撒一些格兰诺拉麦片，最后装饰蓝莓和薄荷。

no. 29 Dessert

羽衣甘蓝思慕雪

羽衣甘蓝是风靡全球的超级食物。由于其营养高又特别容易烹饪，很快得到了人们的追捧。它富有钾、钙、叶酸等重要营养成分，其维生素C含量恐怕没有其他绿叶蔬菜能够企及，是健美减肥的理想食品。

材料/*Ingredients*

Title.	食材
羽衣甘蓝	20克
苹果	半个
菠萝	60克
杏仁奶	200～500毫升（见62页）
椰枣	1个
柠檬（取果肉）	¼个
姜粉	½小匙
奇亚籽	1小匙

步骤/*Steps*

羽衣甘蓝洗净摘下叶片放入料理杯，将椰枣去核，随后加入其他所有食材。破壁机开高速搅打约1分钟即可。

TIPS

菠萝能很好地掩盖羽衣甘蓝的涩味，加入姜粉可以平衡羽衣甘蓝的寒性。

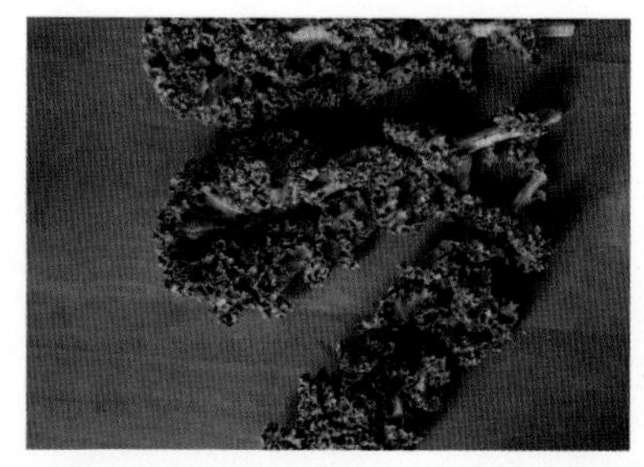

no. 30 Dessert

自制植物奶

除了日常中常见的豆奶，在家还可以自制很多种类的植物奶。来吧，一起来制作这几款植物奶，一定会让你惊喜！

材料 / *Ingredients*

Title. **火麻仁奶**

脱皮火麻仁 ········· 3大匙
椰枣 ························ 1个
饮用水 ····················· 2杯

步骤 / *Steps*

生火麻仁可以直接食用，将它煮熟后味道会更加香浓。将脱皮火麻仁加水煮沸 2 分钟，离火后稍微放凉，加入破壁机开高速搅打，无须过滤即可饮用。

材料 / *Ingredients*

Title. **香草杏仁奶**

生巴旦木 ················· 1杯
甜杏仁 ················· 2大匙
椰枣 ························ 2个
香草精 ··············· ½小匙
饮用水 ····················· 2杯

步骤 / *Steps*

1. 一般的杏仁奶会只使用巴旦木来制作，我会加入一点南杏仁来增加香气。

2. 将巴旦木提前浸泡一夜，去皮后加入料理杯，加入所有材料搅打到细腻，用 100 目纱布过滤，冷藏可保存 3 天。

材料 / *Ingredients*

Title. **糙米奶**

糙米 ······················· ¼杯
生腰果（浸泡后）···· 2大匙
椰枣 ························ 1个
饮用水 ····················· 1杯

步骤 / *Steps*

1. 将糙米洗净加入平底锅中小火不停翻炒，炒到像爆米花一样完全膨胀后取出放凉。

2. 将所有材料加入破壁机搅打到顺滑，无须过滤，一杯带有谷物香气的植物奶就做好了。

材料 / *Ingredients*

Title. **腰果奶**

生腰果 ···················· ¼杯
椰枣 ························ 1个
饮用水 ····················· 1杯

步骤 / *Steps*

生腰果浸泡 4 小时，反复洗净后加入破壁机，加入水和去核的椰枣搅打到顺滑状态即可饮用。

材料 / *Ingredients*

Title. **燕麦奶**

传统燕麦或快熟燕麦 ··· 1杯
椰枣 ························ 1个
香草精 ·············· ½小匙
冰水 ························ 1杯
海盐 ····················· 1小撮

步骤 / *Steps*

将所有材料加入料理杯，开高速打 18 秒左右到略微带点细颗粒状态。使用 100 目纱布轻柔地挤出燕麦奶，冷藏可保存 3 天。食用前摇一摇，可以用最小火略微加热，其间不停搅拌，但不能煮沸。

TIPS

注意切勿使用即食燕麦，否则会太黏稠。冰水可以降低温度让燕麦奶不那么黏稠。搅拌时间不能太久，用破壁机打 18 秒刚刚好，不然会不好过滤。

夏日食单

Summer

no. 01 Main Courses

番茄毛豆汤

番茄一直是夏天的代表性蔬菜，无论是用来做菜还是做汤都非常提味儿，这是因为自然成熟的番茄中含有大量的谷氨酸。谷氨酸是一种鲜味物质，可以给菜肴起到提鲜的作用，所以番茄是一个不折不扣的『天然味精』。另外，夏季的毛豆也非常鲜美，和番茄可谓是最佳搭档。

材料/*Ingredients*

Title. 食材

毛豆粒	180克
番茄	2个
香菇	2朵
杏鲍菇	100克
干黑豆腐竹	80克
开水	适量
香菜	适量
生姜	8克

Title. 调味料

海盐	适量
白胡椒粉	适量

步骤/*Steps*

1. 腐竹浸泡一夜到完全变软，将番茄用热水烫一下去皮后全部切丁，杏鲍菇用刨刀刨成片状，香菇切厚片备用。

2. 锅里加入少量橄榄油，下杏鲍菇片和香菇片煎一煎，炒香后下入毛豆，继续将毛豆炒香，随后捞出备用。

3. 再次加入橄榄油下番茄炒到化沙，然后加入开水，下刚刚炒好的食材和腐竹，加入盐和姜片，盖上盖子小火炖 35～40 分钟，起锅前加胡椒粉即可。

no. *02* Main Courses

夫妻菌片

材料/*Ingredients*

Title.	食材
杏鲍菇	350克
鲜豆筋	100克
芹菜	100克
熟花生碎	2大匙
香菜	1株
胡萝卜丝	30克
黄瓜丝	50克

川菜里有一道非常下饭的名菜叫作夫妻肺片，我以前尤其爱吃，素食的做法我用到了鲜豆筋和杏鲍菇。豆筋具有丰富的营养价值，其中蛋白质含量尤其高，每 100g 豆筋中就含有 46g 蛋白质，被人们称为『素中之荤』。豆筋煎到金黄后豆香浓郁，搭配杏鲍菇真的会让你忘掉夫妻肺片。

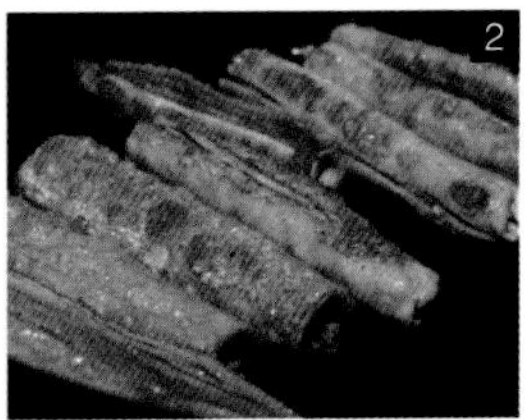

材料/*Ingredients*

Title. **豆筋卤料**

八角 ………………………… 1.5个
香叶 ………………………… 1片
桂皮 ………………………… 1小块
酱油 ………………………… 1大匙
水 ………………………… 250毫升

Title. **调味料**

红油 ………… 1大匙（见*14*页）
生抽 ………………………… 2大匙
糙米醋 ……………………… 1小匙
赤砂糖 ……………………… ½小匙
花椒油 ……………………… 1小匙
煮豆筋的水 ………… 4～5大匙

步骤/*Steps*

1. 芹菜切斜刀，胡萝卜切丝，锅烧盐水煮沸后将它们焯水 20 秒取出过凉水，随后将黄瓜切丝，香菜切段，花生碾碎备用。锅里再次加入 250ml 水，加入卤料和豆筋煮 3 分钟，关火浸泡豆筋 15 分钟。

2. 捞出豆筋挤掉水分然后擦干，锅烧油下豆筋煎到四面金黄，捞出后斜刀切断备用。

3. 杏鲍菇用刨刀刨成薄片，锅烧油加入杏鲍菇平铺，煎到两面金黄后捞出备用。将所有备好的材料混合，加入所有调味料拌匀即可。

TIPS

豆筋也叫作豆秆，如果买不到新鲜的豆筋可以用干豆秆，用水浸泡 20 小时左右即可使用。

no. 03 Main Courses

橄榄菜干煸四季豆天贝

干煸四季豆是一道非常受欢迎的家常菜，我用天贝来代替肉末，味道毫不逊色。天贝蛋白质丰富，可以代替肉类补充蛋白，还可以补充维生素 B_{12}，与没有膳食纤维的肉类相比，天贝中含有的膳食纤维达到28%，能促进消化，改善肠胃功能。

材料/*Ingredients*

Title. 食材

四季豆 …… 300克
天贝 …… 120克
香菇 …… 1朵
无添加橄榄菜 …… 2大匙

Title. 调味料

海盐 …… 适量
生姜 …… 8克
生抽 …… 1大匙
赤砂糖 …… 半小匙
干辣椒 …… 6~8个
花椒 …… 3克

步骤/*Steps*

1. 常规的做法会先将四季豆油炸，这里分享一个少油的健康做法。首先要将一个较厚的铸铁锅烧到很烫，这是四季豆表面起皱的关键。在锅里撒一层盐以便于四季豆更好地入味儿，加入适量油烧热转动锅子让油均匀分布，下四季豆和天贝铺平开最小火慢慢煎，天贝很快就能煎到两面金黄，需要提前捞出。

1

2. 捞出天贝后给锅子加个盖子，利用四季豆所散发的水蒸气将其焖熟，等待四季豆微微变软了就揭开锅盖然后翻面继续煎，直到其表面变得皱巴巴的就可以出锅了，这一步要有耐心。

2

3. 香菇和生姜切粗颗粒，锅烧油下生姜和香菇炒香，然后下入花椒和干辣椒炒香后下入橄榄菜。橄榄菜炒出香味后下入四季豆和天贝翻炒，加入酱油调味，最后淋入花椒油增香翻炒均匀后即可。

TIPS

干辣椒和花椒一定要小火煸炒，切勿炒煳，否则香味全无。

no. 04 Main Courses

茄泥菜夹馍

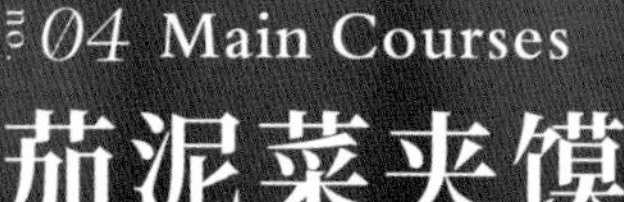

肉夹馍可能是很多人的最爱，我却独爱菜夹馍，食材用到了夏天的茄子。茄子营养丰富，中医认为，茄子味甘、性凉，入脾、胃、大肠经，在夏天多吃茄子可以起到清热解暑的功效。

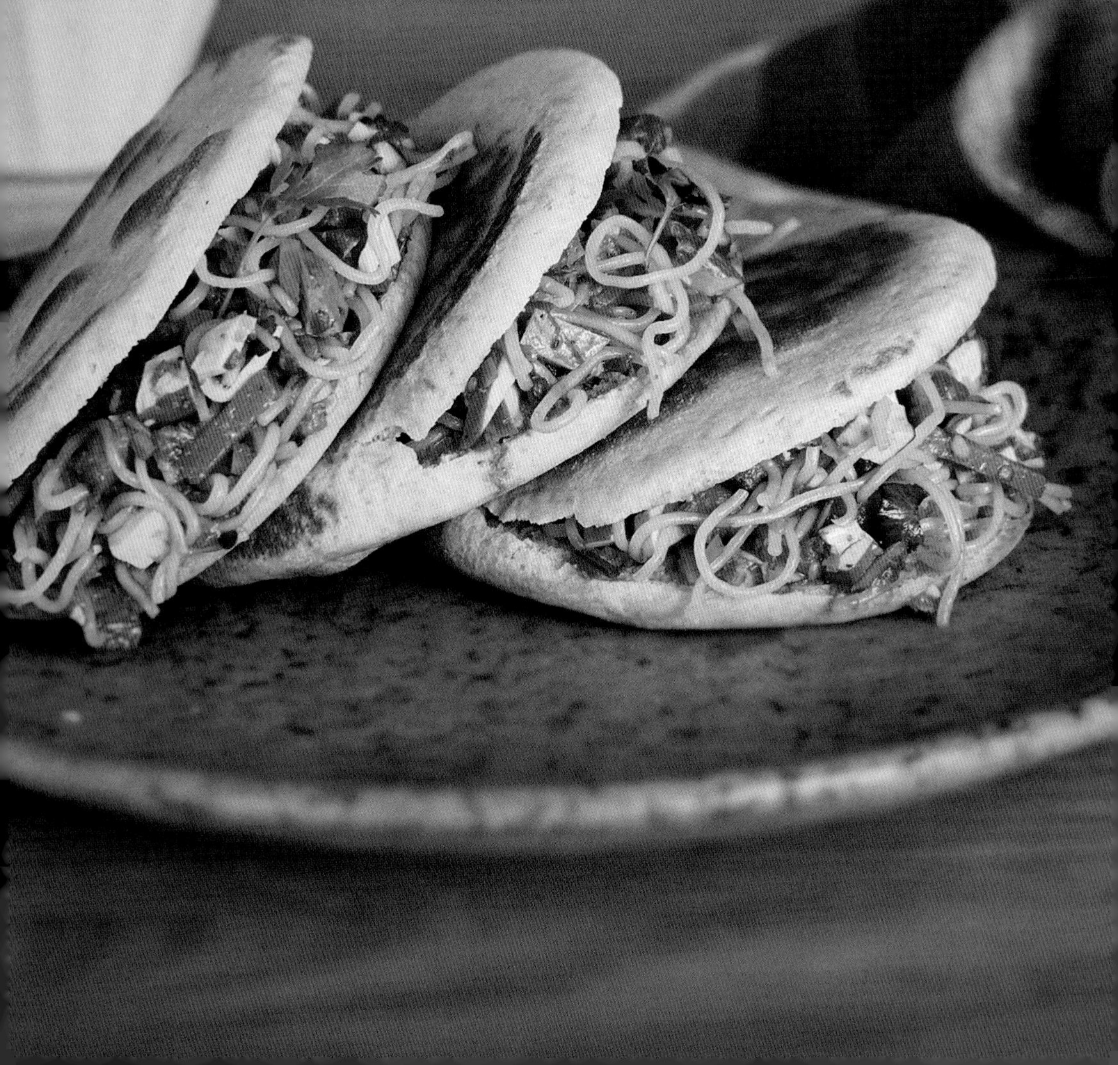

材料/*Ingredients*

Title. **白吉馍**

中筋面粉 …… 250克
水 …… 110～120克
赤砂糖 …… 5克
酵母 …… 2克
泡打粉 …… 1克
橄榄油 …… 8克

Title. **食材**

茄子 …… 400克
豆干 …… 150克
胡萝卜 …… 50克
冬粉 …… 50克
香菜 …… 适量
花生米 …… 30克
姜泥 …… 8克
二荆条红辣椒 …… 1根

Title. **调味料**

生抽 …… 1大匙
香醋 …… 1小匙
赤砂糖 …… ½小匙
海盐 …… 1小匙
油辣子 …… 1大匙(见*14*页)
花椒油 …… 1小匙

步骤/*Steps*

1. 30℃温水化开酵母，在面盆里加入白吉馍部分其他材料，倒入酵母水搅拌成絮状，混合成团密封静置30分钟让面筋自然形成，取出后反复揉到三光(手光、盆光、面光)，密封发酵，但不需要完全发酵，将半发酵的面团取出，搓长条分成个重80g的剂子，取一个揉成橄榄形，擀成长条后从一端卷起，收口处的一端压在下面。

2. 将面团从顶端按扁平再次擀成1厘米厚。开小火将两面煎至上色，完全熟透后取出盖住餐布防止风干。

3. 茄子身上划几刀，送入烤箱200℃烤25分钟左右，直到茄子变软。将烤好的茄子撕掉外皮，然后用刀剁成泥备用。

4. 冬粉浸泡后煮1分钟后过凉水，将豆干切丁、胡萝卜切丝后焯水10秒备用，将所有食材混合，顶部铺上生姜泥、切碎的二荆条辣椒和香菜，锅烧热加适量油烧到冒烟，淋到碗里迅速用筷子搅拌开，最后加入所有调味料混合。烤好的白吉馍用刀划出一条口子，将馅料填充在里面即可。

no. 05 Main Courses

麻辣菌丝凉面

凉面应该是夏天最标配的美食之一了，炎热的天气里来上一碗凉面，消暑又开胃，还可以为身体迅速补充能量。

材料/*Ingredients*

Title.	食材
杏鲍菇	150克
碱水面	110克
黄瓜	50克
花生米	15克
绿豆芽	15克

材料/*Ingredients*

Title. **调味料**

油辣子 …… 1大匙(见*14*页)
酱油 …… 1大匙
香醋 …… 1小匙
腐乳 …… ½小匙
赤砂糖 …… 2小匙
芝麻酱 …… 2小匙
中等柠檬(取汁) …… ¼个
香油 …… 2小匙
海盐 …… 适量
花椒面 …… ½小匙
生姜面 …… 20克

步骤/*Steps*

1. 黄瓜切丝，杏鲍菇切去根部并用叉子刨成丝状。生姜磨泥加开水浸泡10分钟。芝麻酱和腐乳用生姜水稀释开，接着加入剩余所有调味料，再加入3大匙生姜水调成酱汁备用。

2. 锅烧油下菌丝，加盐炒到金黄后捞出备用。烧一锅宽水，水开后下碱水面，大概30秒煮至面条中间有个小白点就捞出，迅速加入香油拌匀，挑起面条用风扇或扇子迅速降温。面条摆入碗中，最后加入菌丝、花生碎、黄瓜丝、焯水过的豆芽即可。

TIPS

宽水是多水的意思，这样煮出来的面条清爽不粘连。切记面条不能煮太久，否则容易成团。

no. 06 Main Courses

霉干菜苦瓜核桃饭

对于我来说夏天是苦瓜给的，很多人吃不惯苦瓜，不妨试着用它和霉干菜搭配来制作一锅核桃饭，你会觉得苦也是一种滋味！

材料/*Ingredients*

Title.	食材
苦瓜	1根
霉干菜	35克
胡萝卜	80克
核桃	2个
五常大米	2杯
白藜麦	1/3杯
昆布	8厘米×8厘米

Title.	调味料
生抽	1大匙
赤砂糖	1小匙
海盐	1/2小匙

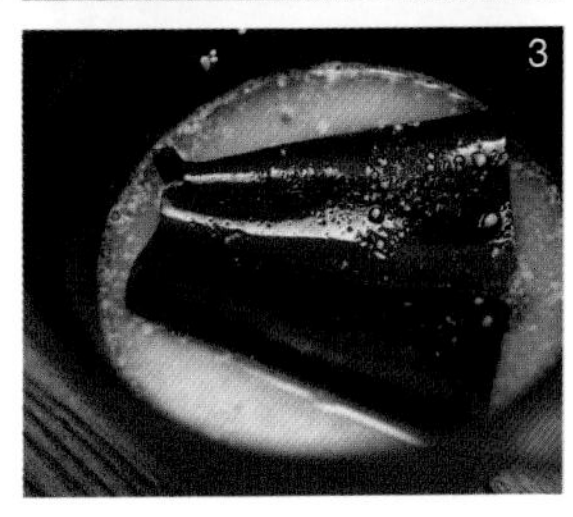

步骤/*Steps*

1. 昆布和霉干菜分别用温水浸泡 2 小时以上，将大米和藜麦淘洗两次浸泡 1 小时。

2. 用勺子刮掉苦瓜的白膜，在沸水中加盐下苦瓜煮 2 分钟，放凉后和胡萝卜一起切丁。霉干菜淘洗泥沙稍微挤干水分切碎备用。锅烧油下霉干菜和胡萝卜炒香，下苦瓜丁后加入生抽、赤砂糖、海盐，继续炒出香味后出锅备用。

3. 核桃仁用石臼磨成粉末，将泡好的米倒掉水倒入铸铁锅中，加入核桃粉拌匀，将昆布水和昆布一起倒入大米中，水位高出大米一个指甲盖即可。

4. 盖上盖子开中火煮沸后捞出昆布，然后调整到最小火继续煮 12 ~ 15 分钟，闻到米饭的香味后关火，再焖 5 分钟以上即可享用。

TIPS

米粒要充分浸泡，这是一个唤醒大米的过程，能让其口感更饱满香滑。水开后一定要最小火，否则底部很快就会糊底，而上面的米饭可能没熟。

no. 07 Main Courses

那不勒斯风意大利面

这道听起来像是意大利美食的菜肴，其实是一道日本料理。『二战』时洋食在日本盛行，这种番茄覆盖在意面上的美食受到当地人的喜欢。通常他们会用烤肠、青椒等食材来制作这道菜，我用天贝代替了烤肠，再加上烟熏辣椒粉进行腌制也会有类似的风味！

材料/*Ingredients*

Title. **食材**

意大利面 ………… 120克
青椒 ………… 1个
口蘑 ………… 2个
胡萝卜 ………… 50克
生姜 ………… 6克

Title. **调味料**

海盐 ………… 适量
黑胡椒 ………… 适量
赤砂糖 ………… ½小匙
新疆纯番茄酱 ………… 2大匙
生抽 ………… 2小匙
煮意面的水 ………… 150毫升

Title. **烟熏天贝**

烟熏辣椒粉 ………… 1小匙
天贝 ………… 80克
酱油 ………… 2小匙
枫糖浆 ………… 1小匙

步骤/*Steps*

1. 天贝切半厘米厚片，加入烟熏辣椒粉、酱油、枫糖浆拌匀腌制半小时或冷藏一夜。口蘑切片，其他食材切丝。平底锅烧油下天贝和口蘑，用极小火煎到两面金黄捞出。

2. 再次烧油下姜丝、胡萝卜丝、青椒丝，加入适量黑胡椒炒香，下番茄酱略微翻炒，加入煮好的意面，炒香后加入生抽、糖、盐，倒50毫升煮意面的水，最后下天贝翻炒到汤汁浓稠即可。

no. 08 Main Courses

烧烤玉米

6月正是玉米最好吃的时候，初上市的玉米鲜嫩香甜。这次我做了一个不一样的烧烤玉米，外层焦香，里层软糯，加上孜然的香味很有烧烤的感觉，特别适合朋友小聚的时候享用。

材料/*Ingredients*

Title. 食材

- 糯玉米 ………… 1根
- 甜玉米 ………… 1根
- 香菜 ………… 1株
- 白芝麻 ………… 适量

Title. 调味料

- 生抽 ………… 1大匙
- 红油 ………… 1大匙（见*14*页）
- 红糖 ………… 2小匙
- 花生酱 ………… 2小匙
- 芝麻酱 ………… 2小匙
- 孜然粉 ………… ½小匙
- 海盐 ………… ¼小匙
- 柠檬汁 ………… 1大匙

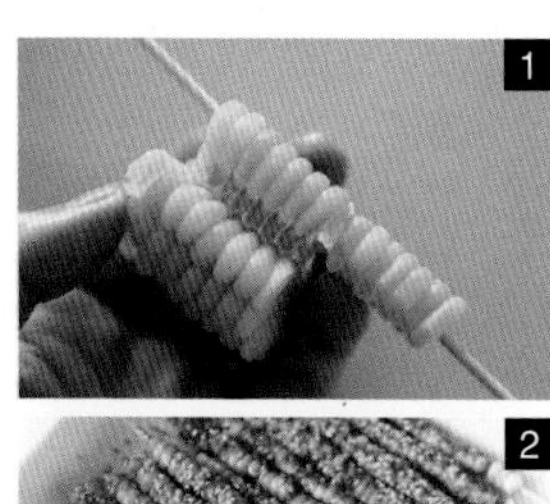

1

2

步骤/*Steps*

1. 将玉米煮5分钟后捞出，切成三段，再对半切，用竹签插入一排玉米，然后整排取下。

2. 将花生酱和芝麻酱倒入碗中，加入红油和生抽稀释成流动状，加入余下的所有调味料混合均匀，然后涂抹在玉米串上，撒上白芝麻。烤箱200℃预热好后放入玉米串烘烤20分钟左右直到表面微微焦糖化，最后撒上香菜碎即可。如果有烤炉也可以边烤边刷调料，这样会更有烧烤的感觉哦。

no.09 Main Courses

双茄盖饭配九层塔毛豆

番茄和茄子作为夏天的鲜美代表，搭配海苔味道像是素食版的鳗鱼饭。九层塔有特殊的香气，搭配毛豆让整道菜的味蕾层次极其丰富。试试吧，搭配这道菜你一定会多添两碗饭的。

材料/*Ingredients*

Title. **食材**

茄子 ………………………… 1根
番茄 ………………………… 半个
寿司海苔 …………………… 1片
毛豆 ………………………… 半杯
九层塔 ……………………… 1小把

Title. **调味料**

新疆纯番茄酱 ……… 1.5大匙
海盐 ……………………… ¼小匙
生抽 ……………………… 1大匙
赤砂糖 …………………… 2小匙
白胡椒粉 ………………… ½小匙
玉米淀粉 ………………… ½小匙
清水 ……………………… 5大匙
姜泥 ……………………… 3克

步骤/*Steps*

1. 锅里烧盐水煮沸，下毛豆煮熟，沥干水分后略微捏碎备用。茄子对半横切成10厘米左右的长度，入蒸锅蒸2分钟略微变软后取出放凉，在表面切半厘米深的十字花刀，撒一些盐、胡椒粉、淀粉涂抹均匀。

2. 锅烧油下毛豆翻炒，加入生抽炒香，最后加入切碎的九层塔翻炒10秒后出锅。取一个碗加入生抽、清水、糖、米醋、淀粉、姜泥调成汁备用。

3. 平底锅烧油，将茄子表面朝下，中火煎到金黄后翻面捞出备用。番茄去皮切细丁，再次烧油加入番茄炒到化沙，加入番茄酱继续翻炒，接着加入调料汁。这时候加入茄子继续煮到酱汁浓稠，其间注意翻面确保酱汁均匀地包裹住食材，汤汁浓稠后即可出锅。在米饭上放上九层塔毛豆，铺上海苔再放入茄子，淋入酱汁后撒上白芝麻即可。

丝瓜浓汤面

10 Main Courses

小时候的我很喜欢吃炒丝瓜，把吃剩下的汤汁儿拌着米饭一口气能吃好几碗。夏天吃丝瓜有清凉解暑的功效，这次我用它做了一碗面条。用鹰嘴豆做汤底不仅多了一分浓郁，搭配黑盐味道还有点像鸡蛋汤，就算不加面条也能喝上两碗。

材料/*Ingredients*

Title. **食材**

八棱瓜 …… 250克
熟鹰嘴豆 …… 60克
秀珍菇 …… 150克
嫩豆包 …… 40克
生姜 …… 5片

Title. **调味料**

白胡椒粉 …… ½小匙
黑盐或海盐 …… 适量
花椒油 …… ½小匙
清水 …… 300毫升
蔬菜高汤或水 …… 500毫升（见30页）

步骤/*Steps*

1. 秀珍菇撕碎，嫩豆包撕成长条，八棱瓜切厚片，锅烧油下生姜和鹰嘴豆，炒香后用铲子将鹰嘴豆略微碾碎。加入蔬菜高汤、清水和一点点黑盐调味，煮沸后下八棱瓜、豆包、秀珍菇煮3分钟。

2. 将单独煮熟的挂面放入汤里继续煨1～2分钟，起锅前撒点胡椒粉和香菜碎，滴几滴花椒油。将杏鲍菇片、小番茄、黄瓜用盐和黑胡椒煎一煎，摆入碗中即可。

TIPS 八棱瓜是丝瓜的一种，味道相较于普通丝瓜更鲜甜，更适合用来做汤。

no. *11* Main Courses

夏南瓜霉干菜饼

相比于秋天的南瓜，夏天的南瓜个头小、肉质嫩、水分多，淀粉量也比较低。我特别喜欢把它加入霉干菜饼中，软糯香甜绝不比肉版的霉干菜饼差，这就是应季蔬菜的魅力！

材料/*Ingredients*

Title.	食材
夏南瓜	200克
绍兴霉干菜	40克
香菇	2朵

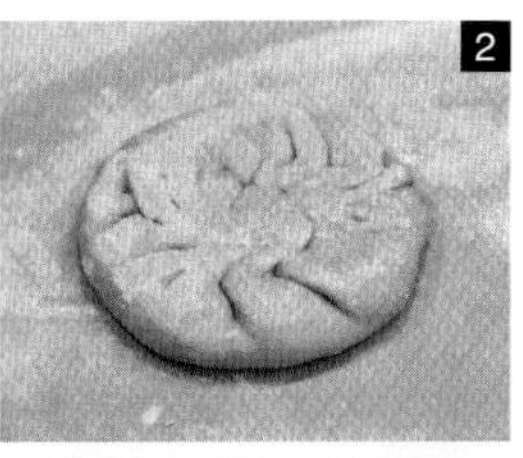

材料/*Ingredients*

Title. **饼皮**

中筋面粉 ………… 150克
开水 ………… 50克
冷水 ………… 38克

Title. **调味料**

酱油 ………… 1大匙
红糖 ………… 1小匙
盐 ………… 2克

步骤/*Steps*

1. 将霉干菜浸泡一夜，淘洗掉泥沙稍微挤干水分备用。面粉里加开水迅速拌匀后加入冷水揉成光滑面团，密封饧面20分钟。将香菇和夏南瓜切成颗粒。锅烧热后放入稍多的油，下香菇、霉干菜、南瓜丁翻炒，南瓜变得透明后加入酱油、海盐、红糖调味儿，炒香后出锅备用。

2. 将面团分成均匀大小，擀成中间厚边缘薄的面片，取适量馅料像包包子一样包好，按扁后擀成薄饼。可以稍微薄一些，馅料透出来一点点不影响。

3. 铸铁锅烧热刷一层油，放饼子进去中小火烙，两面金黄后即可出锅。

no. 12 Main Courses

腰果奶酪

这是一款不用发酵的奶酪。将营养酵母和一些发酵类食物组合也能做出类似于奶酪的味道，再加上日本糯米年糕的延展性来表现奶酪的质地，成品会更接近奶酪的感觉，用来替代市面上的奶酪是非常好的选择！

材料 / *Ingredients*

Title. **食材**

日本糯米年糕 ………… 200克
浓豆奶或其他
植物奶 …· 600毫升(见62页)
(见62页)
生腰果 …………………… 100克
营养酵母 ……………… 3大匙
白味噌 …………………… 1小匙
海盐 ……………………… ½小匙
琼脂粉 …………………… 8克
苹果醋或米醋 ……… 1.5大匙

步骤 / *Steps*

1. 用刀将日本年糕切成1厘米见方的丁，腰果用温水浸泡4小时后清洗两遍加入料理杯，加入除了年糕以外的所有食材搅打成顺滑状态。

2. 将搅打好的液体倒入厚一点的不锈钢锅中，加入切好的年糕，开小火用硅胶铲不停翻拌，直到完全融化变得浓稠，提起铲子有一点拉丝的效果即可。

3. 在碗里刷上一层油，把做好的奶酪倒入碗中，顶部抹平后放冰箱冷冻3小时以上，冷冻后取出倒扣，用吹风机吹一下，取出后稍微回温切成合适大小用保鲜膜包好，放冰箱冷冻保存可使用3个月。

4. 使用时取出回温10分钟，用刨丝器刨丝放在三明治、意面、比萨等料理中。

TIPS

营养酵母是国外常用于素食烹饪的食品，它含有约50%人体易于吸收的完全蛋白，能增强体力，是提供人体健康活力的强力食品，也是素食者的植物性蛋白补充品。此外，它富含维生素B群，素食者常缺乏的维生素B_{12}在它身上能得到一定的满足。

no. 13 Main Courses

快速版腰果奶酪

时间不太充裕时可以用这款奶酪配方，只需要混合搅打煮几分钟就能得到一份纯素奶酪。

材料/*Ingredients*

Title.	食材
生腰果	30克
营养酵母	2大匙
柠檬	$\frac{1}{4}$个（取汁）
苹果醋	1小匙
木薯粉	1小匙
海盐	$\frac{1}{4}$小匙
赤砂糖	$\frac{1}{2}$小匙
杏仁奶或其他植物奶	500毫升（见62页）

步骤/*Steps*

1. 生腰果用开水密封浸泡1小时，洗净后和所有材料一起加入破壁机打成顺滑状态。

2. 打好的液体倒在不锈钢锅中，开中小火不停搅拌，直到变得比较黏稠后关火。煮好的奶酪可以马上使用，你可以直接抹在比萨或是面包上。多余部分装入罐中冷藏可使用3天。

no. *14* **Main Courses**

番茄红酱

在番茄最好吃的夏天，我都会熬上一大罐番茄红酱冷藏起来，无论是做炖菜、咖喱、汤还是意面，加上两大勺就能让料理的味道更有深度。

这款酱好吃的关键就是番茄，成熟度高的番茄做出来的酱味道会更浓郁。对于番茄的选择，我更倾向于去农夫市集去寻找，像去挖寻宝藏一样，看到品质好的番茄就会眼前一亮，嗯，这个好那个也好，不知不觉袋子就装满了。

其实好吃的蔬菜生长得都比较自由洒脱，不会像超市里的蔬菜那样好看和整齐。总而言之，挑选好的蔬菜能让料理加分不少呢。

材料/*Ingredients*

Title. **食材**

番茄 ························ 900克
生姜 ························ 10克
口蘑 ························ 10个
胡萝卜 ······················ 100克
生抽 ························ 1大匙
蔬菜高汤 ······ 半杯(见*30*页)
赤砂糖 ······················ 1小匙
海盐 ························ ½小匙
干牛至叶 ········ 1小匙(可选)
干罗勒 ·········· 1小匙(可选)

步骤/*Steps*

1. 番茄在开水里烫几分钟撕掉外皮，然后切成细碎。生姜切末，胡萝卜和口蘑切细碎备用。将锅烧热，加入橄榄油，下入口蘑丁、胡萝卜炒香，口蘑炒到体积缩小后加入生抽炒香。

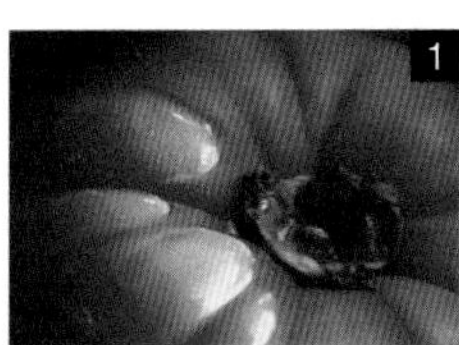

2. 锅里下番茄丁，依次加入糖、黑胡椒、干牛至叶和干罗勒，加少量盐调底味儿，盖上盖子改极小火慢煮 15 分钟，其间记得多搅拌。汤汁有点浓稠后再加入半杯蔬菜高汤继续熬煮 15 分钟左右，直到再次变得浓稠后开中火将水分收干一些。

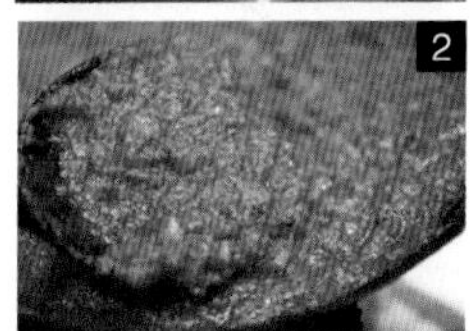

3. 根据需要加适量盐调味，把煮好的食材装入一个比较深的容器中用料理棒搅碎成酱，放入消毒过的罐子里入冰箱冷藏，每次用干净勺子取用，最好一周内吃完。

TIPS

熬煮时间不是固定的，用量更多的话熬煮时间就更长一些。若是在其他季节可以用番茄罐头来做会更好。

no. 15 Main Courses

意大利芝士比萨

采用素奶酪加自制番茄酱就可以制作超美味的素比萨，如果你是比萨爱好者，它一定会成为你的最爱。

材料/*Ingredients*

Title. 饼底部分

高筋面粉	160克
全麦面粉	40克
温水	125克
酵母	1小匙
赤砂糖	1小匙
橄榄油	1大匙
海盐	1小匙

Title. 调味料

腰果奶酪	适量（见*88*页）
番茄红酱	适量（见*92*页）

步骤/*Steps*

1. 在 35℃温水里加入酵母和糖静置 5 分钟。在碗里加入面粉，倒入溶解的酵母水搅拌成絮状，揉 10 分钟直到面团光滑，密封在室温或发酵箱发酵成两倍大。

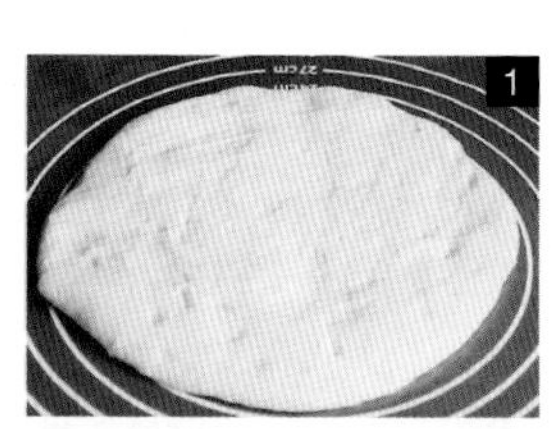

2. 在硅胶垫上抹橄榄油防沾，取出面团按压排气。此时面团还不好整形，先盖上湿布使其松弛 20 分钟。将烤箱开 230℃预热 20 分钟。

3. 面团饧好后开始整形，将手掌往两边撑，做成中间薄边缘厚的圆形。将面饼移到烤盘上，均匀地涂抹上番茄红酱，放上腰果奶酪，撒上玉米粒、口蘑片、小番茄片，再加上一层腰果奶酪，放入预热好的烤箱中层烤 18～20 分钟直到饼皮边缘微微金黄酥脆即可。

TIPS

做比萨应选择含水量小的蔬菜，但不要放太多，不然烘烤时会出水。

no. *16* Breakfast

和风豇豆沙拉

豇豆富含优质蛋白质、碳水化合物及多种维生素、微量元素等，还有健脾补肾的功效，特别适合在夏季食用。除了凉拌和炒食外，还能用其制成清爽的沙拉，配上各色蔬菜十分清爽。

材料/*Ingredients*

Title.	食材
豇豆	300克
胡萝卜	40克
小米辣	2个
芝麻菜	1小把
巴旦木	20克
圣女果	4个

Title.	调味料
白芝麻	2大匙
花生酱	1小匙
赤砂糖	1小匙
米醋	½小匙
生抽	2小匙
白味噌	1小匙
青芥末	¼小匙
红油	2小匙(见*14*页)
柠檬	¼个(取汁)

步骤/*Steps*

1. 水烧沸加入盐和少量油，下豇豆煮2分钟左右捞出过凉水并在滤网中抖干水分备用。

2. 锅里加入芝麻用小火炒香，放凉后加入石臼中略微碾碎。在石臼中加入所有调味料混合均匀备用。

3. 碗里加入豇豆和芝麻菜，随后加入小米辣碎、胡萝卜丝和圣女果混合，摆入盘中加入调好的酱汁，撒上巴旦木碎即可。

no. *17* Breakfast

小番茄罗勒酱

番茄和罗勒一直都是天生一对的组合，小番茄烤过之后鲜甜味得到浓缩，和罗勒一番融合后味道真的让人陶醉。

材料/*Ingredients*

Title.	食材
小番茄	500克
柠檬	半个
海盐	½小匙
黑胡椒	适量
橄榄油	½杯
甜罗勒	35克

步骤/*Steps*

1. 小番茄对半切，加橄榄油、盐、黑胡椒搅拌均匀，横切面朝上摆在烤盘上，放入提前预热的烤箱150℃烤1个小时左右，直到番茄变得干瘪。

2. 罗勒叶入沸水中焯水20秒捞出过凉水，料理机加入罗勒叶、小番茄、柠檬汁、橄榄油，低速搅拌不需要太碎。随后将其装入消过毒的罐子里，顶部淋上一层橄榄油密封好放冰箱冷藏，每次用干净勺子取用可以存放15天左右。

TIPS

选择有机小番茄味道更好。你可以用这款酱抹面包、做饭或是搭配意面，都非常棒。

no.18 Breakfast

墨西哥卷饼饼皮

墨西哥卷饼饼皮是我冰箱里常备的东西，我会一次性制作很多冷冻起来，这样一来只需要准备配料，就能在繁忙的上班日很快地完成一份营养又美味的快手料理。

材料/*Ingredients*

Title.	食材
中筋面粉	350克
全麦面粉	150克
冷水	300～310克
橄榄油	20克
酵母	6克
海盐	6克
赤砂糖	1小匙

步骤/*Steps*

1. 面盆里加入所有材料，注意酵母和盐要分开放，搅拌成絮状揉成面团，用手掌将面团撑出去再收回来，重复做这样的动作约 10 分钟直到面团变得光滑，盖上盖子饧面 15 分钟。

2. 取出面团排气，揉成长条分成个重 60 克左右的剂子，盖上布再饧 10 分钟。桌面上撒少量干粉，将剂子按成小圆饼。

3. 取一小圆饼，擀成 1 毫米厚的大薄片，每擀 1 面注意随时翻面撒少量干粉在面板上，但不要撒太多，否则饼皮做出来偏干。

4. 锅烧热不放油，小心地放入圆饼，中小火开始烙，如果不马上吃就不要烙到完成状态，只需两面定型即可，一会儿装入保鲜袋冷冻保存，下次吃的时候再烙，这样不会造成水分过分流失。下次使用只需要将锅烧烫，加入饼皮煎到表面微微焦黄即可。

no. 19 Breakfast

烤蔬菜卷饼

用小番茄罗勒酱当作卷饼的抹酱非常棒，另外搭配一些烤蔬菜、牛油果、坚果，还有营养超高的小扁豆就是一份豪华的墨西哥卷饼，咬一口真的太满足了。

材料/*Ingredients*

Title. 食材

小番茄	70克
老豆腐	200克
西蓝花	75克
红扁豆	适量
醋浸刺山柑蕾	6颗
牛油果	半个
巴旦木碎	15克
生菜	3片
饼皮	3张（见*100*页）

Title. 调味料

海盐	2克
黑胡椒	1克
姜黄粉	½小匙
小番茄罗勒酱	3大匙（见*99*页）

步骤/*Steps*

1. 红扁豆用温水浸泡5～10分钟。将西蓝花拆分成小朵，小番茄对半切，加入橄榄油、黑胡椒和海盐搅拌均匀。烤箱190℃预热，将蔬菜平铺在烤盘上烤17～20分钟。

2. 锅烧油下捏碎的豆腐，撒少量姜黄粉和海盐，不要翻动让豆腐两面变得金黄后出锅备用。将泡好的红扁豆放入沸水中煮10分钟捞出沥干。

3. 取一张饼皮在锅里烙一烙，抹上番茄罗勒酱，摆上生菜和切好的牛油果，加入步骤1和2准备好的食材，撒上巴旦木碎和切碎的刺山柑蕾，卷起来后放回锅里烙一烙将封口处定型，切开后即可享用。

no. *20* Breakfast

冷泡燕麦奇亚籽布丁

只需要临睡前花几分钟做准备工作就可以拥有一顿营养又快手的早餐。经过时间的洗礼，燕麦会在你熟睡的时候慢慢软化，奇亚籽吸饱椰浆后悄悄地长大。起床后你只需要将它们简单地组装在一起，再搭配一些坚果就可以开心地享用。

材料/*Ingredients*

Title. 冷泡燕麦

传统燕麦片 ………… 半杯
杏仁奶 ……… 半杯（见62页）
海盐 ………… 1小撮
香草精 ………… ½小匙
肉桂粉 ………… ¼小匙
枫糖浆 ………… 1大匙

Title. 奇亚籽布丁

奇亚籽 ………… 20克
红心火龙果 ………… 30克
淡椰浆 ………… 60克
水 ………… 60克
椰枣 ………… 3个

Title. 其他食材

葡萄干、火龙果肉、香蕉、蓝莓、生坚果碎、薄荷

步骤/*Steps*

1. 椰枣去核和火龙果肉一起加入料理杯，加入水和淡椰浆一起打碎，倒入容器中加入奇亚籽搅拌均匀，放冰箱密封浸泡一晚。将冷泡燕麦部分所有材料混合放冰箱浸泡一晚。

2. 玻璃杯杯壁贴上奇异果片。加入一些泡好的燕麦、香蕉肉和几颗葡萄干，再盖上一层燕麦，加入火龙果奇亚籽布丁，继续加冷泡燕麦，放上蓝莓、火龙果丁、坚果碎即可。

TIPS

冷泡燕麦可放冰箱保存3~5天。如果想吃温热的可以将其装在密封罐中放到温开水里多浸泡一会儿。

no. 21 Breakfast

夏日番茄藜麦沙拉

将番茄罗勒酱与新鲜番茄组合你会发现出奇的美味，再搭配豆类、坚果就是一份营养的沙拉。夏天天气炎热，津液流失比较多，生吃番茄还具有生津止渴、清热解毒的功效。

材料/*Ingredients*

Title.	食材
大番茄	200克
圣女果	3个
老豆腐	100克
芝麻菜	10克
杏仁片	15克
火麻仁	10克
水果黄瓜	80克
红腰豆罐头	¼罐
奇异果	30克
熟红藜麦	20克

Title.	调味料
烟熏辣椒粉	1小匙
橄榄油	2大匙
营养酵母	1小匙
印度黑盐或海盐	适量
黑胡椒	适量
小番茄罗勒酱	2大匙（见99页）

步骤/*Steps*

1. 老豆腐捏碎，锅烧油下豆腐，撒入烟熏辣椒粉和印度黑盐，加入营养酵母翻炒，炒到豆腐四面金黄出锅备用。

2. 番茄切小瓣，圣女果对半切，奇异果和黄瓜切片，打开红腰豆罐头过滤后清洗一下。在碗底加入豆腐碎以及处理好的食材，加入余下的所有材料和小番茄罗勒酱混合均匀即可。

no. 22 Breakfast

鹰嘴豆泥沙拉

被称为『豆中之王』的鹰嘴豆可谓是受到全球素食主义者的青睐，将其制作成鹰嘴豆泥更是特别受欢迎的一道美食。鹰嘴豆因全面又超群的营养而被冠以『超级食物』之称。鹰嘴豆中含有丰富的氨基酸，其中包括人体所必需但又不能依靠自身合成的8种氨基酸。不仅如此，它的蛋白质含量也相当高，每100克鹰嘴豆就有20多克蛋白质，实属健身人群补充蛋白质的理想食物之一。

材料/*Ingredients*

Title. **食材**

玉米脆片	适量
手指胡萝卜	适量
熟豌豆	适量

Title. **调味料**

熟鹰嘴豆	200克
中等茄子	2根
芝麻酱	2大匙
酱油	1大匙
Tabasco 辣椒酱	½小匙
海盐	半小匙
中等柠檬(取汁)	半个
黑胡椒	2克

步骤/*Steps*

1. 茄子表面竖向划上几刀，不用太深，放入预热好的烤箱200℃烘烤30分钟左右直到完全变软，取出后将表皮撕掉取茄肉备用。

2. 生鹰嘴豆提前泡发一夜，加足量的水将鹰嘴豆煮到绵软状态。取200克煮熟的鹰嘴豆和刚刚备好的茄肉加入食物搅拌机，随后加入调味料部分余下的所有材料搅拌成细腻状态。

3. 将适量鹰嘴豆茄泥摆入盘中，搭配一些手指胡萝卜、玉米片、煮熟的豌豆，最后淋上一小匙橄榄油。

TIPS

鹰嘴豆泥适合搭配生食蔬菜，黄瓜、西葫芦、小番茄等都非常不错，除此之外还可以当作三明治抹酱。

no. 23 Breakfast

牛油果玉米彩椒塔

这是夏日里非常清爽健康的一道快手小吃，制作简单，特别适合朋友聚会时享用。脆脆的水果彩椒融合鲜甜软糯的玉米，搭配牛油果酱和鲜嫩芦笋尖，交织在口腔里的味觉体验太美妙了。

材料/*Ingredients*

Title. **食材**

水果彩椒	2个
小番茄	2个
甜玉米	半根
芦笋	4根
松子	适量
橄榄油	适量
海盐	适量

Title. **牛油果酱**

牛油果	1个
柠檬（取汁）	1/4个
黑胡椒	1/8小匙
海盐	1小撮
香菜（切末）	1株

步骤/*Steps*

1. 甜玉米在沸水中煮 2 分钟捞出放凉后取下玉米粒，尽量取完整的玉米粒口感更好。

2. 将小番茄去籽切成颗粒，牛油果肉去皮压成泥，但不用特别碎，加入玉米和番茄，最后加入牛油果酱部分的所有调味料混合均匀备用。

3. 芦笋掰下顶端鲜嫩部分，将锅烧热加入适量橄榄油，下芦笋铺平，撒少量盐，将它们煎到脆嫩后出锅备用。水果彩椒对半切，然后去籽，将牛油果酱装在里面，将芦笋摆在顶端，撒上松子即可。

no. 24 Dessert

芒果冰激凌

在芒果好吃的季节我会用它来制作冰激凌。熟透的芒果很甜，简单地搭配椰浆就非常美味，相比市面上含糖和添加剂超多的冰激凌简直太友好了。

材料/*Ingredients*

Title.	食材
冷冻芒果肉	500克
全脂椰浆	2罐
皇冠椰枣	50克

步骤/*Steps*

1. 芒果肉冷冻一夜，椰浆冷藏一夜，椰枣在开水中泡 10 分钟去核，将芒果和椰枣一起加入料理机打成细腻状态。

2. 打开椰浆取顶部凝固部分，下面剩的水不用。在打蛋盆底部垫冰块，用打蛋器打发直到椰浆变成椰子奶油。将步骤 1 的食材和椰子奶油混合，继续用打蛋器混合均匀。

3. 准备一个金属容器提前放冰箱冷冻几小时，倒入冰激凌时才不会形成太多冰碴儿。在冰激凌液上盖上保鲜膜防止冰碴儿凝结于表面，放冰箱冷冻 5 个小时，中途拿出来搅拌 2~3 次以混入更多空气从而阻止形成冰碴儿，次数越多冰激凌就越蓬松，食用前回温 10 分钟用冰激凌挖勺挖成球形即可。

TIPS

不喜欢奶油也可以不加，直接用芒果也很美味，用同样的方式也可以制作香蕉冰激凌。

no.25 Dessert

巴旦木酸奶

酸奶是非常受欢迎的一种食物，配上一些坚果、水果既饱腹又解腻。虽然纯植物酸奶一般比较难买到，但其实在家就可以轻松制作。做过多种酸奶，我最喜欢的还是巴旦木酸奶，质地醇厚浓郁，味道真的不会比牛奶做的味道差。

材料/Ingredients

Title.	食材
生巴旦木	150克
纯净水	300毫升
琼脂粉	$\frac{1}{2}$小匙
益生菌胶囊	1粒

步骤/Steps

1. 注意先将所需用具在开水中消毒。巴旦木在水中泡一夜，加入开水中烫 2 分钟去皮，放入料理机加水打成细腻状态。

2. 使用 100 目纱布过滤巴旦木后倒入锅中，加入琼脂粉搅拌均匀，开小火用硅胶打蛋器不停搅拌，直到微微沸腾后关火，放凉到体温不烫手的状态。

3. 放凉后搅拌均匀，然后加入益生菌胶囊粉末，反复搅拌均匀后装入消毒过的玻璃罐中，盖上盖子放入酸奶机发酵10~12 小时，发酵好后放冰箱停止发酵可存放 1 周，食用时搅拌一下加入甜味剂和格兰诺拉麦片就很美味！

TIPS

请确保使用不含有乳酸形成细菌的益生菌，我使用了 320 亿粒含有 15 种不同菌株的益生菌胶囊，里面至少要包含保加利亚乳杆菌和嗜热链球菌菌株，发酵时间取决于益生菌的强度和培养温度。用同样的方式也可以制作豆浆版本的酸奶。

no. 26 Dessert

牛油果巧克力生食蛋糕

夏天里没有什么甜点比这款生食蛋糕更吸引我了，它的主料用到了被称为『森林黄油』的牛油果，为这款蛋糕带来了清新丝滑的口感，淋上醇厚的黑巧克力液更是最后的点睛之笔。

材料/*Ingredients*

Title.	底层
生巴旦木	25克
椰枣	2个
生可可粉	1小匙
椰子油	3大匙
香草荚	4厘米
熟白芝麻	1小匙
海盐	1小撮

1

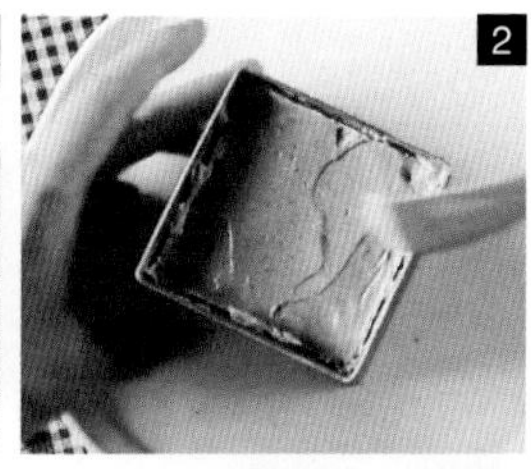
2

3

材料/*Ingredients*

Title. **顶层**

生腰果 ······················ 60克
中等牛油果 ·················· 1个
中等柠檬(取汁) ········· ⅓个
无乳黑巧克力85% ····· 30克
椰子油 ····················· 3大匙
椰枣 ························· 60克
饮用水 ··········· 50~60毫升
生可可粉 ················· 1大匙
可可碎 ···················· 1小匙
海盐 ······················· 1小撮

步骤/*Steps*

1. 生腰果用饮用水浸泡 4 个小时，将底层部分的材料用食物处理器打碎但不要太碎，倒入 10厘米×10厘米的方形模具中轻轻压平。

2. 将顶层部分的材料用破壁机打成顺滑细腻的状态倒入模具中抹平，放到冰箱冷冻 3 个小时。

3. 取出冷冻后的食材后用电吹风吹一下四周取下模具。盘中撒上可可粉和可可碎，摆上喜欢的水果，切一小块蛋糕摆入盘中，接着将巧克力切碎后隔热水融化，然后淋在表面即可。

秋日
食单
Autumn

no. 01 Main Courses

豆腐丸子

家里常备自制的素丸子非常方便，吃面、涮火锅、做汤都能放上一些，掌握一点技巧就能让丸子细腻有弹性。

材料/*Ingredients*

Title.	食材
老豆腐	600克
玉米淀粉	1大匙
海苔粉(可选)	2大匙
胡萝卜	60克
鲜香菇	5个
姜末	6克
赤砂糖	¼小匙
海盐	¼小匙
酱油	1大匙

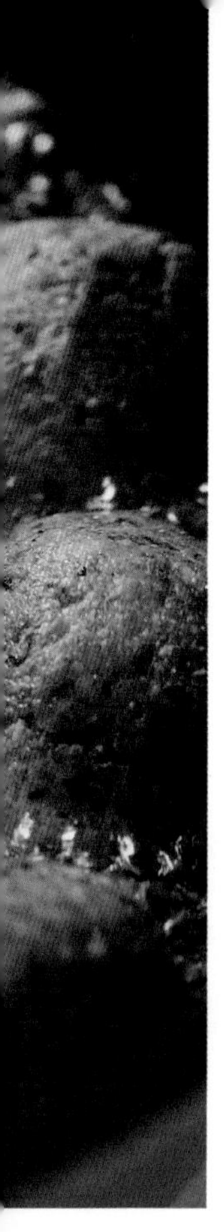

步骤/*Steps*

1. 老豆腐裹上纱布，用重物压一夜使其水分减到最少。待豆腐的质感变得像豆干时，将其放在菜板上用菜刀反复碾压，重复 3 次以上，直到摔在砧板上有点弹性。

2. 香菇和胡萝卜切细颗粒。锅烧油下姜末、香菇、胡萝卜炒香，加少量盐调味，水分炒干后出锅备用。

3. 将炒好后的食材和豆腐放在一个碗里，加入丸子部分余下的所有材料混合均匀，先用手压实再揉成乒乓球大小的丸子。

4. 油温烧到 160°C，小心地放入丸子，炸 3~4 分钟到完全金黄后捞出放在吸油纸上，放入保鲜盒冷冻保存可使用 1 个月。

TIPS

一定要将豆腐水压干，否则水分过多炸的丸子容易散开。

no.02 Main Courses

茶树菇冬瓜海带汤

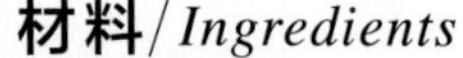

材料/*Ingredients*

Title. 食材

冬瓜	700克
茶树菇	200克
干海带	30克
胡萝卜	100克
红枣	3颗
生姜	8片
豆腐丸子	8个（见*120*页）

Title. 调味料

海盐	适量
白胡椒粉	$\frac{1}{2}$小匙

冬瓜有着美容养颜、清热利水的功效。我用它来搭配茶树菇做了一份非常好喝的汤品，加入一些海带不需要什么调味料就非常鲜美了。

步骤/*Steps*

1. 海带刷去灰尘，加入 1 升水浸泡一夜。冬瓜削皮切成麻将大小，茶树菇撕成小条，胡萝卜切滚刀备用。加少量橄榄油下茶树菇和姜片略微炒香，加入泡过海带的水，盖上盖子文火煮 20 分钟。

2. 开盖加入冬瓜、胡萝卜、红枣，加一点盐调底味儿，再次倒入 1 升开水没过食材 2 厘米左右，盖上盖子文火再炖 20 分钟。最后加入豆腐丸子再炖 10 分钟，出锅后撒一些白胡椒粉即可。

no.03 Main Courses

番茄火锅

入秋后天气渐凉，这时候吃一顿火锅最适宜了，红彤彤的番茄火锅是我的心头好。秋天天气干燥，番茄有滋阴润燥的效果，再准备一些菌子，就能美美地享用一顿。

材料/*Ingredients*

Title. **汤底**

番茄 …… 1000克（2~3人份）
生姜 …… 10克
泡仔姜 …… 30克（可选）
甜玉米 …… 半根
黄冰糖 …… 1大匙
鲜香菇 …… 2朵
红枣 …… 2个
香菇昆布高汤 1升（见172页）
清水 …… 1.5升

材料/*Ingredients*

Title. **调味料**

白胡椒粉 ………………… 1小匙
五香粉 ………………… ½小匙
生抽 ………………… 1大匙
海盐 ………………… 适量

Title. **蘸水**

芝麻酱 ………………… 1小匙
生抽 ………………… ½小匙
小米辣 ………………… 1个
香菜 ………………… 2大匙
香油 ………………… 2大匙

步骤/*Steps*

1. 番茄去皮后切成小颗粒，泡仔姜和生姜切片，锅烧热放油，下生姜和泡仔姜炒香后加入生抽翻炒，随后下番茄碎炒到浓稠状态，加入水和香菇昆布高汤。

2. 在汤底里加入甜玉米、红枣、鲜香菇、五香粉、白胡椒粉、海盐，盖上盖子继续用最小火炖煮 20 分钟。碗里加入芝麻酱用香油稀释后加入其他调味料，盛一勺番茄汤混合均匀，搭配喜欢的配菜开始享用吧！

1

2

no. 04 Main Courses

宫保蘑菇

材料/*Ingredients*

Title.	食材
蘑菇	120克
杏鲍菇	80克
胡萝卜	60克
莴笋头	60克
二荆条干辣椒	15~20个
生姜	8克
红花椒	5克
花生米	适量

Title.	调味料
酱油	1大匙
香醋	10克
赤砂糖	15克
老抽	1小匙
清水	4大匙
土豆淀粉	1小匙

入秋后，种类繁多的新鲜蘑菇开始大量上市。食用菌富含膳食纤维、氨基酸、维生素和矿物元素。也许食素后你还想着一道经典川菜——宫保鸡丁，不妨试试用蘑菇代替鸡丁，成品Q弹并且鲜嫩度更好。

步骤/ *Steps*

1. 干辣椒煎成小段，生姜切小丁备用。将莴笋头、胡萝卜切成1厘米见方的丁，在煮沸的盐水中焯水40秒捞出过凉水。杏鲍菇和蘑菇切1.2厘米见方丁，碗里加入调味料部分的所有材料拌匀备用。

2. 锅烧油下菌菇煎到略微金黄捞出备用。再次加入冷油先下花生米小火炸到酥脆捞出，接着下姜丁炒香后加入干辣椒和红花椒小火炒香。加入处理好的所有食材，搅拌一下调料汁从锅边均匀淋入，开大火翻炒收汁，最后加入花生米拌匀即可。

no.05 Main Courses

酱油炒饭

理想中的完美炒饭应该具有鲜、香、甜、脆、咸、弹的口感层次，在食材的选择上可以用香菇、松子、胡萝卜、芹菜、芽菜、豆干和木耳去匹配这几种口感，实践证明合理利用蔬菜的特点，素炒饭也能很美味。

材料/*Ingredients*

Title. 食材

香菇 ……………………… 1朵
豆干 ……………………… 1块
木耳 ……………………… 30克
芹菜 ……………………… 20克
胡萝卜 …………………… 30克
碎米芽菜 ………………… 15克
松子 ……………………… 1大匙
隔夜糙米饭 ……………… 300克

Title. 调味料

生抽 ……………………… 1大匙
老抽 ……………………… $\frac{1}{2}$小匙
白胡椒粉 ………………… $\frac{1}{4}$小匙

步骤/*Steps*

1. 所有食材切细丁，松子用锅小火焙香备用。将碎米芽菜用水浸泡10分钟去除盐分，挤干水分再切成细碎。

2. 锅烧油下香菇炒出水分后加入芽菜炒香，依次下入豆干、胡萝卜、木耳，撒少量盐给蔬菜调底味儿，随后下米饭翻炒。

3. 加入芹菜碎翻炒几下，从锅边淋入生抽和老抽，继续炒到米饭松散，听见米粒在锅面跳动时就差不多了，最后加入松子和胡椒粉炒匀即可。

no. 06 Main Courses

红扁豆甜辣咖喱

每到天气转凉就想来点热腾腾的东西，咖喱是我最喜欢的选择。一碗咖喱下肚，会让你全身都暖和起来。用秋天的根菜搭配红扁豆，碳水化合物和蛋白质完全能够得到满足，为你提供满满的能量。

材料/*Ingredients*

Title.	食材
贝贝南瓜	350克
土豆	350克
红薯	250克
红扁豆	100克
蟹味菇	70克
樱桃番茄	80克
苹果	半个
胡萝卜	100克
生姜	8克
干红辣椒	3个
香菜	适量

材料/*Ingredients*

Title. **调味料**

无乳黑巧克力70% ···· 15克
浓椰浆 ·················· 100毫升
蔬菜高汤 ····· 1杯(见*172*页)
水 ····························· 1.5杯
海盐 ···························· 适量
黄咖喱粉 ···················· 1大匙
茴香粉 ······················ ½小匙
香菜籽粉 ··················· ½小匙
香叶 ····························· 1片
柠檬汁 ························· 适量

步骤/*Steps*

1. 红扁豆温水浸泡10分钟。土豆和红薯削皮，和南瓜一起切滚刀。将生姜和胡萝卜切细丁，番茄切小块儿，苹果用磨泥器磨成泥备用。

2. 锅烧油下土豆、贝贝南瓜、红薯、蟹味菇翻炒到微微焦黄后捞出备用。锅里加入稍微多一些的橄榄油，烧热后下姜丁、干红辣椒段、胡萝卜炒香。调最小火加入黄咖喱粉、香菜籽粉、茴香粉，炒香后加入番茄碎，炒到汤汁浓稠后加入水和高汤搅拌。

3. 加入红扁豆和苹果泥，水位高于食材3~4厘米，加入盐和香叶盖上盖子，水开转小火煮40分钟直到食材软烂。

4. 当汤汁变得浓稠后加入无乳黑巧克力和浓椰浆，视情况加少量盐，巧克力融化后即可出锅。根据喜好用橄榄油煎一些蔬菜来搭配食用，最后撒上香菜碎和柠檬汁即可。

TIPS

黑巧克力能让咖喱更浓郁、层次更加丰富，没有黑巧克力也可以加一点点浓缩咖啡。

no. 07 Main Courses

印度烤饼

正宗的印度烤饼要用印度酥油制作，我将酥油换成了椰子油，成品外脆里软，咀嚼间有淡淡的椰香味，蘸上咖喱酱别有一番风味。

材料/*Ingredients*

Title.	食材
中筋面粉	250克
温水	150克
椰子油	10克
海盐	4克
赤砂糖	10克
酵母	5克

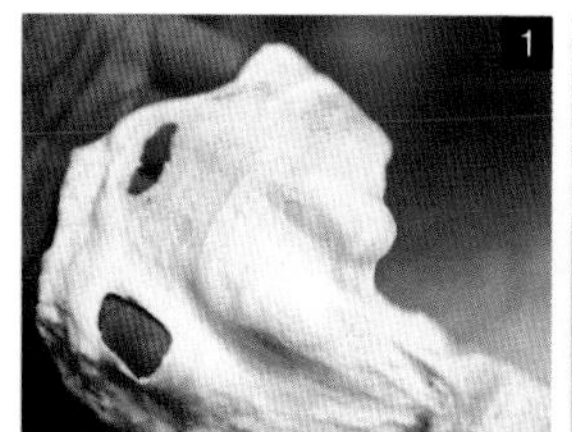

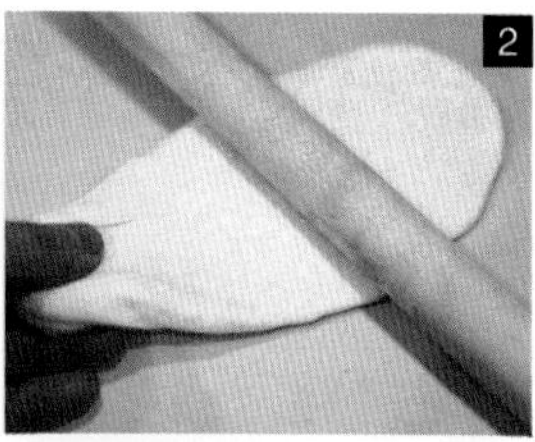

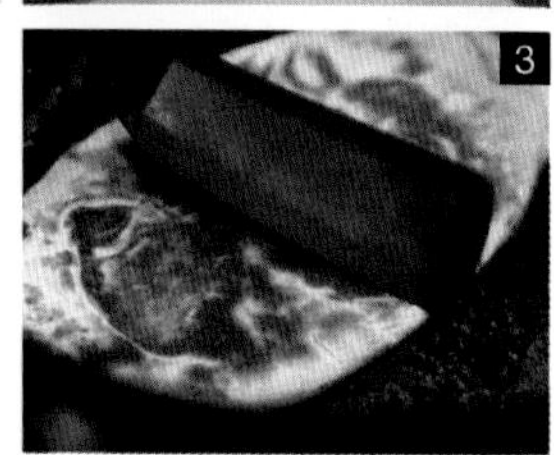

步骤/*Steps*

1. 将酵母和糖用温水化开，倒入面粉里搅拌成絮状，略微揉成团密封饧面 30 分钟。取出后用手开始揉面，用手掌将面团往外推，然后再拉回，重复此动作大约 10 分钟，直到面团变得光滑能拉出比较粗糙的膜。

2. 密封面团后 30°C 发酵 40 分钟，将面团分成六等份盖上布再松弛 15 分钟。取出一个面团按扁，用大拇指拉住一端用擀面杖擀成约 3 毫米厚的薄片。

3. 铸铁锅烧热加入饼子，顶部冒泡后翻面，可用铲子稍微按压，煎到两面金黄后即可，搭配上一篇做的咖喱开始享用吧！

no. 08 Main Courses

栗子土豆烧豆腐

秋天的栗子那么美，咱们就让它成为主角好吗？土豆软绵，栗子鲜甜，豆腐像海绵一样吸饱了汤汁儿，配上一口米饭吃在嘴里真是从舌尖暖到了心田。

材料/*Ingredients*

Title.	食材
土豆	300克
板栗	120克
老豆腐	200克
胡萝卜	100克
生姜	8克

材料/*Ingredients*

Title.	调味料
生抽	1大匙
老抽	1小匙
海盐	适量
冰糖	15克
八角	1个
桂皮	3克
香叶	1片
花椒	8粒
茴香	半小匙
干辣椒	5个

步骤/*Steps*

1. 板栗用刀在表面开一个口加入沸水煮几分钟，捞出稍微放凉去壳 ，土豆和胡萝卜切大块儿备用。

2. 老豆腐切成1厘米厚的片，平底锅放油煎至两面金黄捞出备用。

3. 锅里放适量油，先将土豆、板栗、胡萝卜加入锅中炒到表面微微金黄后捞出备用。另起油锅，油烧热后开小火将冰糖融化，放入姜末和所有香料小火炒香，倒入土豆、胡萝卜、板栗翻炒几下，将一大匙生抽和一小匙老抽从锅边淋入搅拌均匀。

4. 翻炒几下后加入清水，水量以刚好淹没食材为宜。水烧开后改中小火，加入适量海盐让食材提前入味儿，水烧到一半时再加入煎好的豆腐，煮至土豆变软汤汁微微收干。单吃这道菜有点儿噎，搭配一个小菜汤是最佳的组合。

no.09 Main Courses

莲藕法拉费

法拉费是中东地区一道很有名的小吃，主要由鹰嘴豆加上蔬菜和调味料制成，非常受大众欢迎。莲藕为法拉费增加了软糯的口感和鲜甜味，几个朋友吃后都连连称赞，感叹这真比肉丸好吃太多！

材料/*Ingredients*

Title.	食材
熟鹰嘴豆	200克
莲藕	400克
口蘑	120克
胡萝卜	120克
香菜	2株
小番茄	适量
土豆淀粉	2大匙

Title.	调味料
孜然粉	½小匙
海盐	½小匙
酱油	1大匙

Title.	柠檬腰果酱
生腰果	60克
清水	100毫升
柠檬汁	1大匙
枫糖浆	1小匙
柠檬皮	半个

步骤/*Steps*

1. 生腰果用开水浸泡半小时备用，熟鹰嘴豆压成泥。莲藕用细孔的擦丝器擦成细碎，然后挤干水分。将藕泥和鹰嘴豆泥混合备用。

2. 口蘑和胡萝卜切成小颗粒，锅里加入橄榄油，下胡萝卜和口蘑炒至金黄后出锅备用。

3. 将步骤1和步骤2的食材混合，加入孜然粉、海盐、土豆淀粉、切碎的香菜，然后搓成乒乓球大小。

4. 油温160°C后依次加入丸子，保持中火炸4~5分钟，注意多次翻面，丸子炸至完全金黄放在吸油纸上吸掉多余油分，用竹签串入小番茄和丸子备用。

5. 将腰果洗净加入小型料理机，擦一些柠檬皮，加入柠檬汁和枫糖浆打成顺滑状态，淋在串好的丸子上，撒上香菜即可。

no. *10* Main Courses

迷你紫菜包饭

材料/*Ingredients*

Title. 食材

米饭 ………… 1碗
茭白 ………… 200克
胡萝卜 ………… 120克
黄瓜 ………… 80克
熟芝麻 ………… 1大匙
香油 ………… 1小匙
海苔 ………… 4张
寿司醋 ………… 3大匙
减盐酱油 ………… 适量
芥末酱 ………… 适量

Title. 鹰嘴豆酱

鹰嘴豆 ………… 半杯
芝麻酱 ………… 1.5大匙
辣椒粉 ………… 1小匙
酱油 ………… 1小匙
饮用水 ………… 80毫升
海盐 ………… 适量

这道菜的食材主料使用了茭白。茭白是一种较为常见的水生蔬菜，质地鲜嫩，极为鲜甜，被视为蔬菜中的佳品，其膳食纤维和蛋白质都非常丰富。

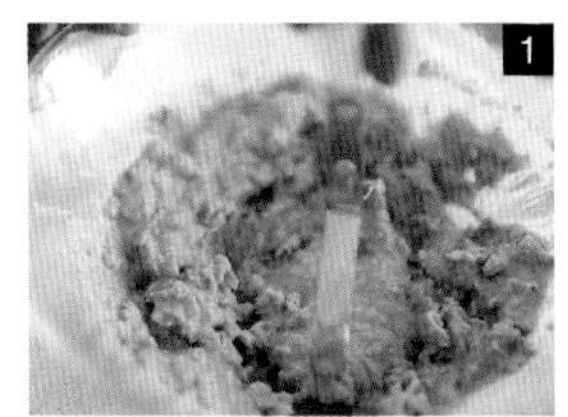

步骤/*Steps*

1. 碗里加入鹰嘴豆酱部分的所有材料，用压泥器压成泥备用。将煮好的米饭倒入托盘中摊开放凉到温热状态。

2. 茭白和胡萝卜切粗丝，黄瓜去籽后切成粗条，锅烧油下胡萝卜丝和茭白丝摊平，加海盐炒到断生出锅备用。

3. 将海苔叠在一起，剪成四等分的方形。勺子蘸水后取一勺米饭放在海苔上压平，中间摆上配菜，卷起来裹紧。装盘后涂上香油，撒上芝麻，最后搭配减盐酱油和芥末酱即可。

TIPS 煮饭部分可以参考春季篇牛油果寿司。

no. *11* Main Courses

手撕杏鲍菇

如果你还在迷恋那些年的手撕鸡，那么该试试这道菜了。杏鲍菇素有『草原的美味牛肝菌』之称。它的特点是组织紧致有弹性，用手撕可以保留其口感和嚼劲，简单地佐以调料就是美味难挡的开胃小菜。

材料/*Ingredients*

Title. **食材**

杏鲍菇 …………………… 300克
八角 ………………………… 1个
桂皮 ………………………… 5克
香叶 ………………………… 1片
生姜 ………………………… 3片

Title. **调味料**

酱油 ……………………… 1大匙
红油 ……………………… 2小匙
小米辣 ……………………… 2个
海盐 ……………………… 适量
香醋 ……………………… 1小匙
赤砂糖 ………………… ¼小匙
花椒油 ……………………… 2克

步骤/*Steps*

1. 将杏鲍菇顺着纤维切成两半，锅里加入刚好能淹没杏鲍菇的水，加入食材部分的所有材料，煮2分钟后浸泡10~30分钟使其入味。

2. 捞出杏鲍菇后用厨房纸吸干水分，锅烧热放少量油，入锅煎到全身金黄。放凉后用手将其撕成细丝状。小米辣切碎，加入所有调味料拌匀即可。

no. 12 Main Courses

素卤味

晚秋的莲藕很适合用来炖煮，成品口感非常粉糯。通常市面上的卤菜是和卤肉一起做的，食素的小伙伴可以花点时间自己制作，这样也吃得更安心。用莲藕搭配黄豆以及豆杆一起炖煮，做好后拌上各种调味料，一盘美味的纯素卤味就做好了。

材料/*Ingredients*

Title.	食材
莲藕	300克
豆杆	120克
黄豆	80克

材料/*Ingredients*

Title.	调味料
八角	2个
陈皮	1块
生姜	6克
草果	1个
桂皮	10克
二荆条干辣椒	5个
香叶	2片
冰糖	25克
豆蔻	2个
山柰	2个
茴香	1小匙
丁香	4颗
水	1.5升
酱油	50克
老抽	10克

步骤/*Steps*

1. 豆秆和黄豆提前浸泡一夜，莲藕对半切，豆秆切长段。锅烧油加冰糖小火炒化，加入黄豆、酱油小火翻炒，接着加入 1.5 升的水。

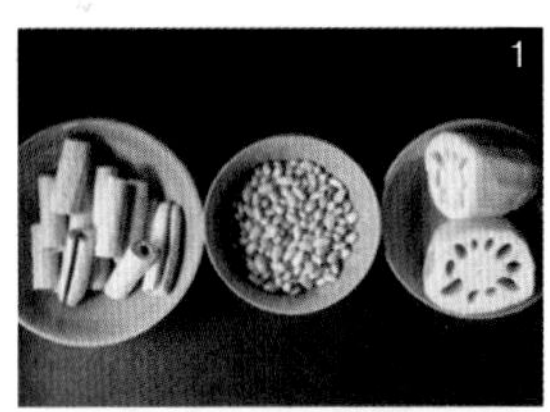

2. 将小颗粒状的香料加入香料包，把草果去籽一起放入锅里，加适量盐，再加入莲藕炖 2 小时到汤汁略微收干，最后加入豆秆煮半小时后即可。卤味煮好后不要马上食用，冷却后放冰箱冷藏一夜会更入味。

3. 将藕切片，豆秆切小块儿，直接吃或是加点儿香菜、辣椒油、花椒油、酱油拌着吃都可以。

no. *13* Main Courses

照烧海苔豆腐

使用一些料理小技巧，平凡的豆腐也能变得美味无比。先使豆腐提前入味，加以海苔包裹沾淀粉煎至金黄，再裹上浓郁的酱汁，味道让人垂涎欲滴。

材料/*Ingredients*

Title.	食材
老豆腐	300克
海苔	适量
生姜	10片
生抽	1大匙
香叶	1片
海盐	1小匙

材料/*Ingredients*

Title. **调味料**

酱油 ·························· 1大匙
红糖 ······················ 1.5大匙
香醋 ·························· 1大匙
土豆淀粉 ················ ½小匙
香菇昆布高汤
或水 ·· 60～80毫升（见*10*页）

步骤/*Steps*

1. 老豆腐切成1厘米厚的块儿状，冷水下锅加入香叶、海盐、酱油和3片姜，最小火慢慢加热，快要沸腾前关火，静置10～20分钟让豆腐充分入味儿。将调味料放到一个碗里搅拌均匀。

2. 豆腐捞出来放在厨房纸上吸干水分，海苔剪成条状。将豆腐包裹一层海苔，蘸一些水粘合封口处。

3. 在豆腐表面沾上一层土豆淀粉，拍打掉多余淀粉。平底锅烧油，倾斜锅子下剩余的姜片炸到微焦后弃用。

4. 下豆腐煎成两面金黄，搅拌酱汁倒入锅中，小火加热酱汁，其间注意翻面，酱汁变得浓稠即可出锅。

TIPS

豆腐选择老豆腐才不容易碎，沾一些淀粉可以更好地裹上酱汁。

no. 14 Breakfast

巧克力坚果酱

这是一款无糖的健康坚果酱，糖的部分全部用椰枣来代替。天然未精加工的糖分升糖指数也低很多，抹在面包上当做你的早餐或下午茶简直是再好不过了。

TIPS

使用宽杯的搅拌机更容易制作，若是使用破壁机可以用搅拌棒辅助搅打，不过分量不能打太多。

材料/*Ingredients*

Title.	食材
生榛果、生腰果 巴旦木	共 210克
生可可粉	2大匙
椰枣	70克
海盐	1小撮

步骤/*Steps*

1. 坚果平铺在烤盘用烤箱150℃烤 17 分钟左右，或者用锅小火炒香，捞出放凉到酥脆。

2. 烤好的坚果放入搅拌机先低速搅碎，再开高速打成酱后加入生可可粉拌匀。椰枣泡开水里密封 10 分钟后去核，加入搅拌机再次搅拌成酱，装入罐中冷藏可保存 3 个月。

no. 15 Breakfast

豆乳香蕉燕麦粥

因为懒懒的起床气不想做早餐？别担心，这道美味燕麦粥只需 10 分钟就能完成。燕麦含有丰富的膳食纤维，可以刺激肠道蠕动，帮助清扫肠道垃圾。另外，它的蛋白质含量十分丰富，是大米和小麦粉的几倍，因此常受到健身达人的青睐。

材料/*Ingredients*

Title.	食材
传统燕麦片或快熟燕麦	¼杯
巧克力坚果酱	1大匙
椰枣	1个
豆浆	1杯
火麻仁	1大匙
肉桂粉	½小匙
饮用水	150毫升
蓝莓	适量
香蕉	1根
南瓜子	适量
无糖椰子片	适量
薄荷	2片

步骤/*Steps*

1. 先将巧克力坚果酱用一点点豆浆稀释开。将剩余的豆浆加入椰枣和肉桂粉，用料理机完全打碎，倒入锅中加入火麻仁、燕麦、水。

2. 燕麦粥煮到沸腾后中小火煮7~10分钟，中途记得多搅拌。将煮好的燕麦粥倒入碗里加入切好的香蕉片，放上蓝莓、南瓜子、椰子脆片，最后将两片薄荷切丝撒在上面即可。

no. 16 Breakfast

胡萝卜开放式三明治

纯素奶酪作为三明治抹酱再合适不过了，简单搭配煎烤的胡萝卜和口蘑，配上一杯热饮就是一份健康美味的早餐。

材料/*Ingredients*

Title. **食材**

手指胡萝卜 ……………… 2根
欧包 ………………………… 3片
口蘑 ………………………… 2个
香菜 ………………………… 2克
火麻仁 …………………… 1克

Title. **调味料**

腰果芝士 …… 适量(见*88* 页)
黑胡椒 …………………… 适量
海盐 ……………………… 适量

步骤/*Steps*

1. 将手指胡萝卜和口蘑切厚片。锅烧热加入适量橄榄油，下胡萝卜和口蘑，加入海盐和黑胡椒。先不要翻动它们，等待一面金黄后再翻面，直到两面金黄即可出锅。

2. 欧包切片，放入锅中煎烤到表面酥脆，取出抹上素芝士，摆好胡萝卜和口蘑，撒上一些香菜碎和火麻仁即可。

no.17 Breakfast

牧羊人派

牧羊人派是一道不含面粉的派，又被称为农舍派，是英国的一道传统料理，主料由土豆、番茄、肉馅组成。我用口蘑和花椰菜以及豌豆作为主料，烤好后土豆会形成一层薄薄的酥皮，底层是口蘑、时蔬、番茄酱以及素奶酪恰到好处的浓郁香滑。

材料/*Ingredients*

Title. 食材

土豆 ························ 300克
原味豆奶 ········ 30～40毫升
花椰菜 ························ 80克
豌豆 ························ 40克
青椒 ························ 1个
口蘑 ························ 140克

Title. 调味料

姜黄粉 ···················· 1/4小匙
黑胡椒 ························ 适量
海盐 ························ 适量
腰果奶酪 ··· 4大匙(见*88*页)
番茄红酱 ··· 6大匙(见*92*页)

步骤/*Steps*

1. 花椰菜切成小朵，口蘑和青椒切1厘米的丁，锅里加入橄榄油下口蘑炒香后捞出备用。土豆去皮放入蒸锅蒸熟，取出加入豆奶、姜黄粉、黑胡椒、海盐压成泥备用。

2. 在碗里加入口蘑、花椰菜、青椒、豌豆，随后加入番茄红酱搅拌均匀后铺在烤碗底部，铺一层后撒一层素奶酪，接着将土豆泥铺在顶部，用叉子压出纹理，放入预热好的烤箱200℃烤30分钟左右直到表面金黄即可。

no. 18 Dessert

百香果柠檬挞

煮鹰嘴豆的水英文名为 aquafaba，意为『豆水』，是豆类被煮熟后留存的液体，可作为一种天然的鸡蛋替代品。豆水会释放淀粉和蛋白质，被打发的蛋白质会变得绵密，淀粉则会增加稳定效果。把这种豆水当作奶油是非常合适的选择，不过打发的时间要比蛋清久一些，需要有一定的耐心哦。

材料/*Ingredients*

Title. **底层**

燕麦粉或低筋面粉 …… 150克
芥花籽油 …… 80克
枫糖浆 …… 40克

Title. **馅料**

玉米淀粉 …… 20克
中等柠檬 …… 1个
百香果 …… 2个
浓椰浆 …… 120克
杏仁奶 …… 210克(见*62*页)
赤砂糖 …… 65克
琼脂粉 …… 6克

Title. **顶层**

鹰嘴豆水80克(从120克煮到80克)
赤砂糖糖粉 …… 70克
柠檬汁或米醋 …… 1小匙

步骤/*Steps*

1. 在碗中加入底层部分的所有材料混合均匀，放入7寸活底挞模中用杯子底部将其压平，边缘用手捏紧。上面垫上润湿的烘焙纸，堆满烘焙重石，烤箱150℃提前预热后烘烤40～45分钟，取出后放凉。

2. 百香果取汁，刨皮器刨半个柠檬皮然后切开取汁备用，碗里加入浓椰浆、琼脂粉、玉米淀粉混合均匀。在锅中加入杏仁奶和糖以及柠檬皮屑，开火先将糖融化，加入刚刚混合好的液体，煮到沸腾呈浓稠状态时，加入柠檬汁和百香果汁，再次煮沸后关火，倒入挞模中，用牙签戳破表面气泡，稍微放凉后放入冰箱冷藏3小时以上。

3. 打开鹰嘴豆罐头取汁，加入120g鹰嘴豆水到锅中，开火煮沸浓缩到80g，放凉后加入打蛋盆，用打蛋器开高速打发，成型后加入一大匙糖粉继续打发，其间分次加入糖粉直到全部加完，提起后有比较硬挺的小尖钩即代表打发完全。

4. 将打发好的鹰嘴豆水装入裱花袋挤上喜欢的纹理，然后用喷枪开小火将表面微微焦糖化就完成了。

TIPS

豆水(aquafaba)一定要耐心打发到硬峰状态才不容易塌掉。

no. 19 Dessert

焦糖栗子巧克力棒

用天然椰枣和栗子来制作焦糖巧克力棒的内陷，表层撒上一层巧克力脆皮，吃在嘴里每一口都是享受。

材料/*Ingredients*

Title. **焦糖栗子馅**

栗子 ………… 105克
椰枣 ………… 105克
淡椰浆 ………… 180克
椰子油 ………… 1.5大匙
姜黄粉 ………… 1/4小匙
柠檬皮(中等大小) ………… 半个
海盐 ………… 1/4小匙
香草精 ………… 1/2小匙
原味花生酱 ………… 1大匙

材料/*Ingredients*

Title. **饼底**

生巴旦木粉 …………… 115克
熟鹰嘴豆粉 …………… 4大匙
原味山核桃 ……………… 60克
香草精 ………………… ½小匙
椰子油 ………………… 2大匙
玫瑰盐 ………………… ¼小匙
枫糖浆 ……………… 1.5小匙

Title. **表层**

无乳黑巧克力85% … 200克
原味开心果 …………… 15克
盐之花(仅装饰用) …… 适量

步骤/*Steps*

1. 山核桃切成小颗粒加入碗中，加入饼底部分剩余的所有材料。在17厘米×17厘米的模具中铺上硅油纸，随后将混合的材料加入模具，用杯底压实放入冰箱冷藏待用。

2. 椰枣泡开水后去核，栗子煮到完全绵软捞出，将它们加入料理机，接着加入栗子馅部分的所有材料，搅打成完全顺滑状态后倒入模具中，用勺子抹平放入冰箱冷冻3个小时。

3. 取出模具回温20分钟后将食材切成等分，将黑巧克力切成细碎加入容器隔着开水融化，取一块加入巧克力溶液中，捞出放到硅油纸上防粘。

4. 巧克力液凝固后在顶部再次撒一些巧克力液和开心果，之后用盐花装饰即可。

no. 20 Dessert

猕猴桃鳄梨思慕雪

如果你感到心情烦闷，不妨做一杯绿色的思慕雪给自己，一抹醒目的绿意一定会让你的身心得到治愈。猕猴桃素有『水果之王』的美称，其中维生素C含量非常高，远远超过大多数水果。牛油果的加入让成品更加浓郁丝滑，我想你迫不及待地想要尝试了吧！

材料/*Ingredients*

Title.	食材
猕猴桃	3个
牛油果	半个
肉桂粉	¼小匙
奇亚籽	20克
枫糖浆	1大匙
原味豆奶	120克
绿葡萄干	10克
石榴	适量
提子	适量
苹果片	适量

步骤/*Steps*

1. 奇亚籽混合原味豆奶和枫糖浆，搅拌均匀后装入保鲜盒放冰箱静置一晚上。

2. 在料理杯里加入去皮的猕猴桃、牛油果果肉、绿葡萄干，然后少量加水，打成顺滑状态。

3. 将提子切薄片贴在杯壁，装入打好的果昔，用做好的奇亚籽布丁混合一些石榴籽淋在果昔上面，再撒一些石榴籽，最后切几片苹果装饰就完成了。

no.21 Dessert

格兰诺拉麦片

我喜欢在制作思慕雪或是燕麦粥时加上一些格兰诺拉麦片，不仅美味又能增加酥脆的口感，一次做上一大瓶就可以吃好久。饥饿的时候也可以把它当作零食，咀嚼间能同时品尝到坚果的香、麦片的脆、果干的酸甜。

材料/*Ingredients*

Title.	食材
传统燕麦片（1瓶量）	150克
红糖	30克
巴旦木、腰果、南瓜子	60克
椰子油	25克
枫糖浆	45克
综合果干	50克
抹茶粉/可可粉/椰子粉（选一种）	1.5大匙

步骤/*Steps*

1. 将3份混合坚果稍微切碎，每份60g。3个碗中分别加入150g燕麦片和切碎的坚果，再加入3种粉搅拌均匀。注意不能用即食燕麦片，否则容易成团。

2. 碗中加入枫糖浆、红糖以及椰子油拌匀。烤箱150℃预热，将燕麦平铺在烤盘上，送入烤箱中层烤35分钟左右，中途翻动一到两次，取出放凉到酥脆。将果干和烤好的燕麦混合装入密封的罐子中，冰箱冷藏可存放半年。

no. 22 Dessert

杏仁山药酪

山药和杏仁都是药食同源的食材，中医认为山药性平味甘，可以入脾经、肺经和肾经，具有健脾养胃和补肾润肺的功效。山药与杏仁奶融合，口感丝滑又绵密，还带有独特的香气，非常类似于酸奶的质感，搭配上一些水果和格兰诺拉麦片就是一份简单的小甜点。

材料/*Ingredients*

Title.	食材
南杏仁	50克
水	300毫升
铁棍山药	60克
柠檬汁	1大匙
椰枣	4个
猕猴桃	半个
青苹果	半个
格兰诺拉麦片	适量 （见160页）

步骤/*Steps*

1. 南杏仁用凉白开提前浸泡一夜。用刮刀削掉山药皮，手上抹一些白醋可防止手痒。将处理好的山药放入蒸锅蒸熟至绵软。

2. 趁蒸山药的时间把泡好的杏仁去皮、椰枣去核，和水以及剥好的杏仁一起加入破壁机打到完全细腻状态。用纱布过滤掉杏仁渣即得到杏仁奶。

3. 打好的杏仁奶和山药一起再次加入破壁机，然后加入柠檬汁搅拌到顺滑状态。将猕猴桃去皮切成薄片，然后贴在杯壁，倒入打好的杏仁山药酪，最后加入青苹果片和格兰诺拉麦片即可。

TIPS

浓稠度可根据山药用量调整，山药加得越多浓稠度就越高。

冬日食单
Winter

no. *01* Main Courses

冰花煎饺

煎饺最迷人的部分是底部煎得焦脆的面壳，咬上一口满嘴酥脆，紧接着便是蔬菜的鲜美汤汁，真是只能用唇齿留香来形容它的美味。

材料/*Ingredients*

Title.	食材
金针菇	60克
香菇	60克
油豆腐	150克
卷心菜	200克
胡萝卜	40克
芹菜	30克
姜末	8克

1

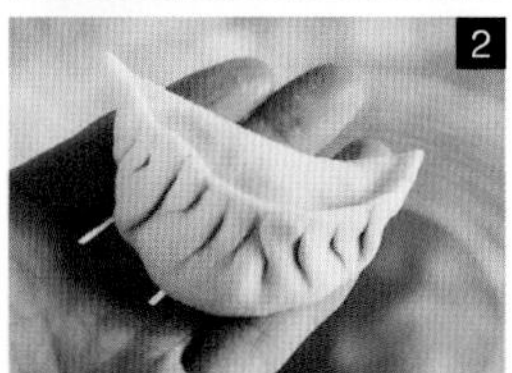
2

材料/*Ingredients*

Title. **冰花面糊**

面粉 …………………………… 5克
淀粉 …………………………… 5克
水 ……………………………… 100克
米醋 …………………………… 2克

Title. **调味料**

生抽 ………………………… 2小匙
海盐 …………………………… 适量
胡椒粉 ……………………… 1小匙

Title. **饺子皮**

中筋面粉 ………………… 200克
水 …………………… 95～105克

步骤/*Steps*

1. 面粉和水搅拌成絮状，揉成光滑的面团，密封饧面 20 分钟。生姜切细末，所有蔬菜切成颗粒，油豆腐用手撕碎。

2. 锅烧油下姜末、胡萝卜、菌菇炒香，下卷心菜炒软后加入豆腐碎，用生抽、胡椒粉、海盐调味儿出锅备用。面团搓长条切成均匀大小后擀成 2 毫米薄片，放入适量的馅料，将饺子按照自己喜欢的方式包好。

3. 碗里加入冰花面糊部分拌匀。锅烧油开最小火，倒入面糊后迅速摆放饺子，盖上盖子最小火焖 5～7 分钟，听到噼里啪啦的声音后揭盖撒上黑芝麻，火调大将底部煎到酥脆即可。

TIPS

油豆腐能吸收蔬菜的水分，不至于让馅料水分太多，加入粉丝也会有相同效果。

no. 02 Main Courses

川香炒面

不知道吃什么时就来一碗炒面吧，将冰箱里剩余不多的食材一起用来炒面条就是一份简单的美味，加入不同种类的食材最佳，例如菌菇、豆类以及爽脆的绿叶菜，组合在一起营养均衡又好吃，处理面条时掌握一些技巧就能让美味更加分。

材料/*Ingredients*

Title. 食材

食材	用量
碱水面	100克
香菇	1朵
青椒	1个
鹰嘴豆豆皮	20克
卷心菜	1片
生姜	8克
四川红花椒	6粒
二荆条干辣椒	2个

Title. 调味料

调味料	用量
生抽	1大匙
素蚝油	1小匙
清水	1大匙
老抽	½小匙
赤砂糖	½小匙
海盐	¼小匙

步骤/*Steps*

1. 豆皮泡软后挤干水分，和香菇、生姜一起切丝。卷心菜用手撕碎，辣椒切段备用。煮一锅开水，下入面条大火煮到其中间带小白点，大约 30 秒后捞出，切勿完全煮熟，因为还有煎炒的过程。

2. 面条迅速过冰水洗掉表面的淀粉，这样能让面条更筋道弹牙。捞出面条在滤网中抖干水分。平底锅烧热加少量油，下面条摊平，底部煎一会儿翻身再煎另一面，直到面条被煎香变得干爽后捞出。

3. 将所有调味料拌匀备用，锅烧油下生姜、香菇、干辣椒段和红花椒小火炒出香气，接着加入面条和处理好的所有食材，大火炒出香味后淋入酱汁，继续翻炒出酱香即可出锅。

TIPS

家庭小灶火力不如饭店的大灶猛，炒小份更好吃，食材太多火力太小会难以炒香。面条过冰水后温度低，直接下锅不容易炒出香气，所以一定要先煎一煎。

no.03 Main Courses

豆乳千层白菜锅

我国食用大白菜已有千年历史，将冬天的大白菜和香浓的豆浆组合在一起，真是冬日里的元气炖菜。大白菜中含有丰富的维生素C和水分，能给我们的肌肤补足水分，而豆浆中含有丰富的大豆蛋白以及许多对皮肤美白有功效的维生素，二者强强联合真是一道名副其实的美容养颜菜！

材料 / *Ingredients*

Title.	食材
大白菜	800克
猪肚菇	2朵
豆皮	1张
鲜豆浆	250毫升
清水	120毫升
生抽	2小匙
海盐	½小匙
姜泥	3克

材料 / *Ingredients*

Title.	食材
油辣子	2小匙（见*14*页）
生抽	1小匙
花椒油	½小匙
小米辣	适量
香菜	适量

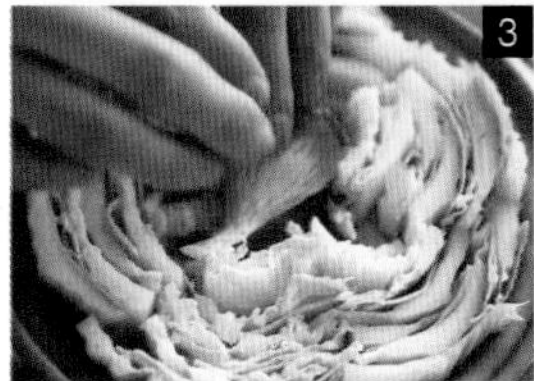
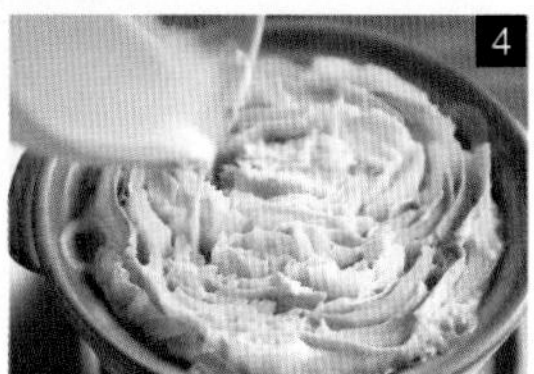

步骤 / *Steps*

1. 将豆皮用温水浸泡10分钟，然后切成长条，长度要接近于白菜的长度。把整个大白菜一切为四，切掉顶端根部，将切好的豆皮一层一层地叠在叶片上。

2. 准备一个砂锅，不需要太大，图中是直径18厘米的小锅。将叠好的白菜切成和砂锅深度差不多的长度，由外向内依次摆好。

3. 将猪肚菇撕碎填在砂锅中间，最后将白菜叶片尾端改短一些填补在中间压紧，相互之间挨紧一些煮好后才不会塌陷。

4. 白菜摆好后加入120毫升水，不用太多，因为白菜会自己出水。开火煮沸后转最小火煮10分钟，这个时候准备250毫升鲜豆浆，加入生抽、姜泥、海盐混合均匀。10分钟后将调好的豆浆加入锅中，再次煮开后关火，在一个碗里加入蘸水部分的所有调味料，然后加入少许白菜汤拌匀即可食用。

no. 04 Main Courses

蔬菜高汤秋冬版

秋冬版的蔬菜高汤将卷心菜作为了主料，愈发寒冷的天气造就了卷心菜的极致鲜甜，用来当作高汤材料再适合不过了。

材料/*Ingredients*

Title.	食材
口蘑	120克
白玉菇	120克
香菇	2朵
卷心菜内叶	350克
胡萝卜	150克
西芹	40克
小番茄	160克
生姜	8克
月桂叶	2片
黑胡椒	5粒
海盐	2小匙
纯净水	4.5毫升

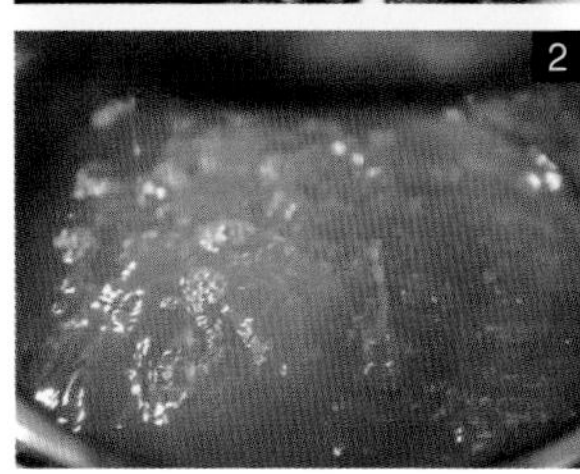

步骤/*Steps*

1. 将口蘑和香菇一切为四，白玉菇去根，小番茄用刀划个口子。卷心菜要取用里层的叶子和最中心的部分，将其撕成大块儿。西芹和胡萝卜切段儿，生姜微微拍散。

2. 将锅烧热，加入少量橄榄油，下白玉菇和口蘑铺平，底部变得金黄后加入水，接着加入除了卷心菜以外的所有食材，盖上盖子将水烧开，开最小火炖煮 2 个小时后加入卷心菜继续炖 1 个小时。

3. 炖好后将汤汁倒入滤网中过滤，等待其冷却后装入干净的瓶中放冰箱冷藏，也可以放入冰格冷冻，取出后将高汤块儿装入保鲜盒可放 3 个月。

TIPS

卷心菜的外层叶子涩味明显，更适合炒食，里层叶子甜味突出，适合做汤。

05 Main Courses

翡翠藕丸子

晚期的莲藕淀粉含量高，这道丸子就是充分利用了莲藕的这一特点使得其拥有了天然软糯的口感。莲藕的营养价值很高，富含蛋白质、淀粉、各种维生素、膳食纤维等营养保健成分。中医认为生藕味甘性寒，有清热生津的功效，生藕煮熟则由凉转温，具有益胃健脾、养血补气的功效。

材料/*Ingredients*

Title.	食材
莲藕	500克
香菇	50克
胡萝卜	80克
油豆腐	60克
金针菇	30克
西蓝花花蕾	10克
白萝卜	140克
燕麦粉	25克
生姜	8克
小米辣	1个

Title.	调味料
酱油	1大匙
胡椒粉	$\frac{1}{4}$小匙
五香粉	$\frac{1}{4}$小匙
海盐	适量
水淀粉	1大匙
蔬菜高汤或水	300毫升（见172页）

步骤/*Steps*

1. 将油豆腐撕碎，香菇、胡萝卜切成颗粒状。锅烧油下姜末炒香后下胡萝卜和香菇，撒少量盐炒香后加入油豆腐炒匀，取出备用。

2. 莲藕去皮后用细孔的擦丝器擦碎，略微挤干一点水分，和步骤1的食材混合，加入燕麦粉拌匀后加入酱油、五香粉、胡椒粉、海盐。

3. 取适量丸子馅放在手中，挤压一下排出空气，然后搓成乒乓球大小的球形摆入碗中，上蒸锅蒸15分钟。

4. 将金针菇切成1厘米长度的段、白萝卜用磨泥器磨成泥然后稍微挤干水分，取一西蓝花，用刀将西蓝花花蕾部分削下备用。

5. 锅里加少量油下金针菇碎炒香，加入蔬菜高汤或水，最后加入白萝卜泥和西蓝花，煮3分钟左右淋入水淀粉勾薄芡。将汤汁淋在蒸好的丸子上，撒上小米辣即可。

TIPS

莲藕一定要用细孔的擦丝器擦碎，切勿磨成泥或是用料理机打碎，否则会失去口感。

no. 06 Main Courses

萝卜丸子煲

汤锅作为冬日里的生存料理再合适不过了。用应季鲜美的萝卜做成丸子，炸多一些放入冰箱冷冻，吃火锅或是吃面条煮上一些别提多惬意了。

材料/*Ingredients*

Title. **萝卜丸子**

白萝卜 ······ 650克
中筋面粉 ······ 3大匙
玉米淀粉 ······ 1大匙
杏鲍菇 ······ 180克

材料/*Ingredients*

Title. **调味料**

白胡椒粉 ················ ¼小匙
五香粉 ···················· ¼小匙
海盐 ························ ¼小匙

Title. **汤底**

生姜 ···························· 5片
素耗油 ····················· 1小匙
卷心菜内叶 ·············· 150克
香菇昆布高汤 ······· 500毫升
（见*10*页）

步骤/*Steps*

1. 萝卜去皮后切成细丝，加入一小匙盐腌制出水，放在纱布里挤掉水分，然后稍微切碎备用。

2. 杏鲍菇去掉根部，用叉子顺着纹理刨成丝状。锅烧热倒入油，下杏鲍菇丝铺平不要翻动，等待底部金黄，水分略微收干变得微微金黄后出锅，然后稍微切碎。

3. 碗里加入处理好的萝卜和杏鲍菇，加入面粉和玉米淀粉，随后加入丸子部分的所有调味料混合均匀。将丸子馅放入手中先捏紧然后揉成圆球，注意不要揉太大。锅里加入油烧到150°C，下入丸子开中小火慢炸，直到表面金黄酥脆后捞出备用。

4. 在砂锅里加入香菇昆布高汤、姜片、素蚝油混合均匀烧开，卷心菜用手撕碎加入锅中打底，码上丸子，盖盖儿煮 5 分钟左右，保持最小火，否则沸腾的汤会将丸子冲烂，开盖后加入香菜和几滴香油即可。

TIPS

萝卜丝切稍细一些才能腌制出更多的水，这样粉类加得更少口感会更好。素丸子不耐煮，所以不要煮太久，也可以将材料码在碗里上蒸锅蒸 20 分钟。

no. 07 Main Courses

巧拌双鲜

莴笋营养价值很高，含有丰富的钾元素以及多种微量元素，能够提升机体的动力。此外，其丰富的植物纤维素能够起到软化大便的作用，促进肠道畅通。

材料/*Ingredients*

Title.	食材
莴笋头	300克
鹰嘴豆豆皮	35克

Title.	调味料
糙米醋	2小匙
赤砂糖	½小匙
花椒油	¼小匙
海盐	适量
姜泥	3克
小米辣	2个

步骤/*Steps*

1. 鹰嘴豆豆皮在温水里泡 5 分钟，捞出挤干水分后切成丝。锅烧热加入适量橄榄油，将鹰嘴豆豆皮入锅，加入海盐，炒至微微金黄后捞出备用。

2. 莴笋切丝，然后加入一小匙盐腌制 10 分钟，将腌制出的水倒掉，然后用手稍微挤掉多余的水分，最后和刚刚炒好的豆皮搅拌均匀。

3. 小米辣切碎，生姜磨成泥，再加入糙米醋和赤砂糖以及花椒油混合均匀即可。

no. 08 Main Courses

手擀炸酱面

食素后或许你非常想念炸酱面的味道，但其实只要掌握了不同蔬菜的特性也能做出超美味的素炸酱，再配合色彩缤纷的蔬菜，光颜色就让人食欲大开。

材料/*Ingredients*

Title. **调味料**

有机黄豆酱 ………… 100克
甜面酱 ………… 100克
生姜 ………… 10克

Title. **配菜**

豌豆、心里美萝卜、紫皮萝卜、包菜丝、胡萝卜、芹菜丁

材料/*Ingredients*

Title. **面条**

中筋面粉 ·················· 250克
海盐 ···························· 1克
碱面 ·························· 0.5克
水 ·················· 113～118克

Title. **炸酱**

老豆腐 ····················· 300克
魔芋 ··························· 80克
香菇 ···························· 2朵
金针菇 ······················ 120克
黑木耳 ························ 30克
蔬菜高汤或水 ······· 400毫升
（见*172*页）

TIPS

擀面时放淀粉取代面粉防粘效果会更好。

步骤/*Steps*

1. 将面条部分的所有材料混合揉成团，密封饧面 30 分钟，取出后开始揉面，大约揉 10 分钟直到面团光滑后再密封饧面 15 分钟。案板撒一层薄薄的淀粉，先将面团擀平，然后卷起一端包裹擀面杖开始擀面，并将手往两边扩散开。

2. 其间不断旋转面片调整方向，直到擀成约 2 毫米厚的大薄片。将面片表面抹一些淀粉，折叠后切成合适的宽度即可。

3. 锅烧油下捏碎的豆腐摊平，不要搅动，等待底部变得金黄后翻面，直到豆腐变得干爽完全金黄后出锅备用。用同样的方式将菌菇煎好捞出备用。将魔芋焯水 2 分钟切成小颗粒，余下的配菜全部切细丁备用。

4. 黄豆酱和甜面酱加水混合均匀，锅里加稍多一些的油，下姜末炒香后倒入酱汁，中小火慢慢炒香酱汁。接着加入准备好的所有食材，加入蔬菜高汤或水，最小火煮 12～15 分钟，中途时常搅拌，汤汁变得浓稠后即可出锅。将萝卜切丝，豌豆在盐水中煮到绵软捞出，随后加入其他蔬菜焯水 10～20 秒。烧一锅开水下面条煮 20 秒，捞出后码上菜，淋上炸酱即可。

no.09 Main Courses

酸菜粉丝煲

每年我都会腌制一些酸菜，时间越久风味就越足，特别适合冬天的时候制作酸菜粉丝煲，加入一些包浆豆腐，吃在嘴里能享受爆浆的感觉。冬天的白菜非常鲜甜，取用白菜心再配合昆布香菇高汤，不需要添加过多的调味料就能使食物的原味尽显。

材料/*Ingredients*

Title.	食材
白菜心	50克
四川酸菜	50克
豌豆粉丝	1卷
香菇	1朵
包浆豆腐或老豆腐	100克
白玉菇	60克
生姜	8克
小米辣	2个
泡椒	3个
香菜	1株
虫草花	适量

材料/*Ingredients*

Title.	调味料
生抽	1大匙
赤砂糖	½小匙
香油	1小匙
白胡椒粉	½小匙
香菇昆布高汤	800毫升（见10页）

步骤/*Steps*

1. 豌豆粉丝用凉水发泡 20 分钟，泡椒切段，生姜切片，香菇切厚片，大白菜扒开外层叶子取中心部分切成 3 厘米长度的段备用，注意白菜秆和叶子要分开使用。

2. 锅烧油下包浆豆腐摆整齐，先不要翻动，等待底部金黄小心翻面，直到两面金黄取出备用。将酸菜过一遍水挤干去掉多余盐分，然后切碎备用。

3. 在砂锅里加入油，下入姜片开小火炒香，然后下酸菜和泡椒翻炒，酸菜炒香后加入生抽，然后加入香菇昆布高汤和一点点糖调味，最后下入白菜秆盖上盖子小火煮 10 分钟，让白菜的鲜甜和酸菜的风味释放出来。

4. 10 分钟后加入白菜叶子和其他配菜部分，盖上盖子再煮 3～5 分钟让包浆豆腐吸满汤汁，开盖加入粉丝煮软，关火淋上几滴香油，撒上白胡椒粉、香菜、小米辣碎即可享用。也可以开着小火吃，很有小火锅的感觉。

材料/*Ingredients*

Title.	食材
汉堡胚	1个
牛油果	半个
苜蓿芽	适量
番茄片	适量
卷心菜	适量

no. 10 Main Courses

鹰嘴豆汉堡

这款美味的鹰嘴豆汉堡制作起来简单方便，豆排部分用油豆腐增加口感、口蘑提供鲜味，配合美味酸奶酱，素汉堡也能让你有超大的满足感。

材料/*Ingredients*

Title. 鹰嘴豆豆排

- 熟鹰嘴豆 …… 225克
- 油豆腐 …… 40克
- 口蘑 …… 140克
- 糙米饭 …… 140克
- 即食燕麦 …… 40克
- 胡萝卜 …… 120克
- 生姜 …… 8克

Title. 豆排调味料

- 番茄酱 …… 3大匙
- 酱油 …… 1大匙
- 老抽 …… ½小匙
- 五香粉 …… ¼小匙
- 辣椒粉 …… ½小匙
- 中等柠檬（取汁）…… ¼个
- 赤砂糖 …… 1小匙
- 黑胡椒 …… 适量
- 海盐 …… 适量

Title. 粉色酸奶酱

- 杏仁酸奶 …… 200毫升
- 黄芥末酱 …… 2小匙
- 甜菜根 …… 10克
- 柠檬汁 …… 1大匙
- 枫糖浆 …… 2小匙

步骤/*Steps*

1. 口蘑切成颗粒状，胡萝卜和生姜切末。锅烧油下姜末炒香后下口蘑和胡萝卜，撒少量盐炒到其体积缩小，变得微微金黄后出锅备用。

2. 在搅拌机里加入即食燕麦片打碎，再加入熟鹰嘴豆、油豆腐、糙米饭和所有调味料，开低速开始搅拌。注意搅碎成团即可，切勿搅拌过碎而失去口感。取出打好的馅料放入碗中，加入步骤1炒好的材料混合均匀。

3. 取适量馅料整成圆饼状，平底锅烧油下豆排开中小火慢煎，一面金黄后翻面，然后加盖子最小火焖2分钟后捞出。

4. 将酸奶酱所有食材加入料理机打到顺滑，汉堡胚切开在平底锅里煎一煎，铺上牛油果片，淋上酸奶酱，依次加入煎好的豆排、番茄片、卷心菜丝、苜蓿芽，再淋一些酸奶酱即可。

TIPS

多余的豆排可放密封盒冷冻保存，饼与饼之间隔一层硅油纸防粘。

no. 11 Breakfast

素味大阪烧

大阪烧是一种日式蔬菜煎饼，是日本关西地区具有代表性的风味美食。我精心改良了一下将其做成了美味的素食版本，朋友吃后赞不绝口，相信你一定也会喜欢。

材料/*Ingredients*

Title.	食材
卷心菜	130克
山药泥	30克
香菇	2朵
熟藜麦	40克
杏鲍菇	60克
胡萝卜	100克
油豆腐	25克
低筋面粉	50克
海苔粉	1大匙

材料/*Ingredients*

Title. 调味料

胡椒粉 ······ $\frac{1}{4}$小匙
香油 ······ 1小匙
橄榄油 ······ 1大匙
酱油 ······ 1小匙
海盐 ······ $\frac{1}{4}$小匙
蔬菜高汤或水 ······ 150毫升（见*172*页）

Title. 大阪烧酱

浓缩番茄膏 ······ 1大匙
柠檬汁 ······ 1大匙
是拉差辣酱(可选) ······ 2小匙
蔬菜高汤或水 ······ 2大匙
红糖 ······ 1大匙
生抽 ······ 1大匙

Title. 豆腐美乃滋

内酯豆腐 ······ 220克
原味生松子 ······ 100克
大藏粗粒芥末酱 ······ 2小匙
枫糖浆 ······ 1.5大匙
中等柠檬(取汁) ······ 半个
苹果醋 ······ 2小匙
玫瑰盐 ······ $\frac{1}{2}$小匙

1

2

步骤/*Steps*

1. 香菇、胡萝卜切丁，锅烧油一起加入，撒少量盐，耐心炒到微微金黄后取出。用刨刀将杏鲍菇刨成薄片，锅里刷一层油，下杏鲍菇后撒一小撮盐煎到金黄，转特小火将杏鲍菇条烤干，其间时常翻动，煎到干爽后出锅切碎备用。

2. 将卷心菜切成 1.5 厘米大小的片，山药去皮磨成泥，油豆腐撕碎，处理好放入碗里，加入低筋面粉、蔬菜高汤或水搅拌成糊状，加入调味料部分所有材料再次搅拌均匀备用。

3. 锅烧油，将混合好的材料倒入锅中整理成圆饼状，轻轻将顶部压平，不要使劲按压，这是大阪烧蓬松柔软的关键。盖盖子改小火煎 2 分钟，其间时常移动锅子使其均匀受热，2 分钟后将其扣入盘中，再倒回锅中煎 2 分钟即可。将豆腐美乃滋部分放入料理机打成顺滑状。接着将大阪烧酱的材料加入锅中，开火煮到微微浓稠，取适量酱涂抹在大阪烧表面，最后挤上豆腐美乃滋酱，撒上海苔粉和杏鲍菇碎。

TIPS

做多的大阪烧酱和豆腐美乃滋装入消过毒的容器中，放冰箱冷藏可保存 3~5 天。

no. *12* Breakfast

日式土豆藜麦沙拉

日式土豆沙拉是一款深受大众喜爱的美食。土豆所含的营养素非常全面，在法国还被称作『地下苹果』。不少地区还将土豆作为主食，其在欧美更是享有『第二面包』的称号。素食版本的土豆沙拉加入了藜麦和牛油果，搭配低卡的豆腐美乃滋，既好吃又健康，一定要试一试！

材料/*Ingredients*

Title.	食材
土豆	400克
胡萝卜	50克
黄瓜	50克
蘑菇	2朵
熟藜麦	3大匙
牛油果	半个

材料/*Ingredients*

Title.	调味料
豆腐美乃滋	4大匙
糙米醋	1小匙
海盐	½小匙
枫糖浆或其他甜味剂	1小匙
黑胡椒	适量
白胡椒粉	适量

步骤/*Steps*

1. 藜麦浸泡4个小时以上，洗净加水煮10分钟取出沥干。土豆切大块上蒸锅蒸至绵软。蘑菇切细丁，锅烧热加油将蘑菇丁炒香备用。

2. 胡萝卜对半切，和黄瓜一起切薄片。胡萝卜焯水1分钟捞出，黄瓜加盐腌制10分钟挤干水分备用。

3. 半个牛油果和土豆一起压成泥，不用太碎保留一些口感，加入胡萝卜、黄瓜、蘑菇丁以及煮熟的藜麦，再加入所有调味料搅拌均匀即可食用。

no. 13 Breakfas

白萝卜杏仁浓汤

民间一直有句老话：『冬吃萝卜夏吃姜』，这是因为冬天阳气向内处于收藏的状态，加之冬日吃烫食较多，所以胃部很容易积内热，而吃萝卜刚好可以清解积热，帮助气机更好地疏发。我用土豆和杏仁搭配萝卜做了非常美味的浓汤，再加上马蹄的鲜甜，喝上一口真是回味无穷。

材料/*Ingredients*

Title. **食材**

白萝卜	430克
土豆	90克
马蹄	80克
南杏仁	20颗
口蘑	65克
香菜	2克
生姜	8克

Title. **调味料**

香叶	1片
海盐	适量
胡椒粉	½小匙

步骤/*Steps*

1. 南杏仁浸泡一夜后去皮。萝卜、马蹄、土豆削皮后切大块，口蘑一切为四。锅烧热加橄榄油，下口蘑和土豆炒到微微金黄后加入之前准备好的食材。

2. 加入水、生姜、香叶，盖盖子煮35～40分钟到汤汁有点发白为止。捞出香叶，撒胡椒粉和盐，稍微放凉后加入破壁机打成顺滑状态。

3. 浓汤倒入碗中，口蘑片加盐和黑胡椒煎到表面金黄后摆在浓汤中间，滴几滴橄榄油，撒一些甜椒粉，最后用香菜和熟荷兰豆装饰即可。

no. 14 Breakfast

土豆丝菌菇卷饼

土豆丝卷饼真的非常经典，它符合大多数人的口味。炒香的土豆丝加上干香的平菇，再放上一些鹰嘴豆豆皮，整个卷饼非常有嚼劲，我已经迫不及待要配上一杯热饮了。

材料/*Ingredients*

Title.	食材
土豆	180克
鹰嘴豆豆皮	40克
青椒	45克
平菇	170克
生菜	6片
樱桃番茄	6个
生姜	8克
黑胡椒	适量

Title.	酱汁
花生酱	1大匙
芝麻酱	1小匙
酱油	½小匙
水	1大匙
柠檬汁	1小匙
烟熏辣椒粉	¼小匙
孜然粉	¼小匙
枫糖浆	½小匙
黄芥末酱	1小匙

步骤/*Steps*

1. 鹰嘴豆豆皮用温水浸泡20分钟后拧干水分和青椒一起切丝。平菇用手沿着纤维撕开。土豆切丝后冲洗掉多余淀粉。

2. 油热后下姜丝炒香后弃用，下土豆丝、豆皮、青椒丝大火翻炒，加盐调味后出锅备用。平底锅烧油，下入平菇后不要翻动，撒少量海盐和黑胡椒，当水分煎干底部变得金黄后出锅备用。

3. 在碗里加入芝麻酱和花生酱，加入水稀释成半流动状，接着将余下的所有调味料拌匀备用，注意酱汁不要太稀薄。取一张饼皮抹上一大匙酱，撒上藜麦和坚果，摆好所有食材，两边折叠底部卷起，封口处抹上适量酱汁粘合在一起。将封口处在锅里煎一会儿定型，最后用刀斜着切开即可享用。

no. 15 Breakfast

卷心菜牛油果卷饼

冬天的卷心菜经过一番寒冷的历练，酝酿出它最完美的味道，鲜美程度是其他季节不能比拟的。其内叶部分直接生吃就非常爽脆清甜，将它加入卷饼中搭配煎到金黄的口蘑和各类时蔬就是一道味觉盛宴。

材料/*Ingredients*

Title. **食材**

食材	用量
荷兰豆	60克
老豆腐	100克
口蘑	3个
胡萝卜	30克
卷心菜内叶	120克
巴旦木	15克
饼皮	2张

Title. **牛油果酱**

食材	用量
牛油果	1个
海盐	¼小匙
黑椒粉	适量
香菜碎	10克
柠檬汁	2小匙
酱油	1小匙

步骤/*Steps*

1. 荷兰豆去茎，老豆腐和口蘑切片，胡萝卜切丝，卷心菜取中心鲜嫩部分顺着纹理用手撕成条状。

2. 锅烧油下老豆腐煎到金黄后切丝备用，接着分别加入荷兰豆、口蘑、胡萝卜丝，撒少量海盐和黑胡椒，将口蘑煎到两面金黄,荷兰豆和胡萝卜煎熟后出锅备用。

3. 牛油果用叉子碾碎，加入所有调味料拌匀。取一张饼皮煎一煎，放在硅油纸上抹上牛油果酱，加入处理好的所有食材和碾碎的巴旦木碎，将硅油纸两端向内折叠，从底部卷起来按紧，用刀斜着切开即可。

TIPS

卷心菜中心部位的叶子纤维更嫩、甜味更明显，更适合做沙拉，外层则适合炒食。

红薯香料拿铁

no. 16 Dessert

寒冷的冬天总是需要一杯热饮来犒劳自己。烤到爆汁儿的红薯使空气中都弥漫着焦糖味儿，让呼吸也变得怡然自得。浓郁的豆奶加上各类香料的助阵变得清香扑鼻，能让人身心愉悦。

材料/*Ingredients*

Title.	食材
红心蜜薯	200克
原味豆奶	400毫升
肉豆蔻粉	1小撮
丁香粉	1小撮
肉桂粉	1/4小匙
椰枣	1个
姜蓉	1/4小匙
香草精	1/2小匙

步骤/*Steps*

烤箱开200°C将整个红薯烤到爆汁儿，直到变得绵软。红薯去皮取200克加入料理杯，加入豆奶搅打成顺滑状态倒入不锈钢锅里，加入所有材料略微煮沸即可。

no. 17 Dessert

腰果热可可

热可可是我每到冬天都要喝的一款热饮。生可可粉具有很强的抗氧化功能和一定的抗炎作用。用腰果奶代替牛奶冲泡生可可粉，味道一样非常浓郁。

材料/*Ingredients*

Title.	食材
腰果奶	250毫升(见*62*页)
生可可粉	2小匙
枫糖浆	适量

步骤/*Steps*

生可可粉倒入杯子中，加入50毫升左右60°C～70°C的热水冲泡，然后用小型蛋抽快速搅拌，直到其完全溶于水，随后加入温热的腰果奶和枫糖浆搅拌均匀即可。

TIPS

生可可粉不宜用高温的水冲泡，这样会破坏它的营养素。

no. *18* Dessert

生食能量块

生食能量块是我常备的一款零食，好吃营养又健康，直接吃或者切碎放沙拉、果昔里，或是直接带在身上，外出登山或者旅行时来上一块儿，一次性就能吃到很多种健康食物。

材料/*Ingredients*

Title.	食材
椰枣	160克
脱皮火麻仁	⅓杯
椰蓉	⅓杯
奇亚籽	1大匙
生可可粉	2大匙
熟芝麻	2大匙
枸杞	1大匙
生巴旦木和南瓜子	80克
海盐	¼小匙

步骤/*Steps*

1. 椰枣用开水泡 10 分钟去核。料理机加入一半坚果和其他食材一起搅碎成细颗粒状，这时加入椰枣搅拌到成团。另一半坚果稍微切碎加入料理机搅拌几下混合均匀即可，然后倒入一个方形模具中，用杯子底部把它们压平。

1

2. 压好后将模具盖上保鲜膜放冰箱冷冻半小时，取出后切成等份儿，用包装纸包好方便携带，多余的放冰箱冷藏可保存 1 个月。

2

TIPS

可可粉应选择生可可，它没有经过高温加工，抗氧化成分、活性酶和更多营养物质都能得到更好的保留。

no. 19 Dessert

香橙红茶磅蛋糕

大冬天窝在家里做烘焙是件幸福的事儿，这不，冬日里的橙子格外香甜，将它融入甜品中让香橙的气息充满整个屋子吧！

材料/*Ingredients*

Title.	食材
低筋面粉	125克
全麦面粉	100克
泡打粉	1小匙
苏打粉	½小匙
芥花油	55克
枫糖浆	70克
苹果醋或柠檬汁	1.5大匙
淡椰浆	100毫升
橙汁	70克
橙子皮	⅔个
红茶粉	6克
中等香蕉	1根
玫瑰盐	¼小匙
燕麦片	20克
生山核桃	30克

步骤/ *Steps*

1. 将所有粉类用面粉筛过筛，在料理机里加入香蕉、淡椰浆、苹果醋、枫糖浆打成顺滑状态后倒入筛好的面粉中，用磨皮器磨三分之二个橙子皮，然后切开用挤汁器将橙汁挤出备用。

2. 将橙汁和橙皮加入面粉中，接着加入芥花油和红茶粉，使用硅胶铲利用抄起底部和切拌的方式混合到没有面粉颗粒的顺滑状态，注意不要用力搅拌以免面糊起筋。

3. 在模具中铺上硅油纸，倒入面糊至八分满，接着把山核桃碎和燕麦片撒在上面，用勺子稍微按压。在碗里加入 20 毫升枫糖浆和 30 毫升水混合成糖水，将糖水刷在面糊表面，这一步能防止燕麦片烤焦，同时还能增加浓郁的焦糖味。

4. 将烤箱预热到 180°C，面糊放入中层烘烤 30 分钟左右，烤好后用牙签插入不带面糊就说明烤好了。及时取出蛋糕体后再次在顶部刷上剩余的糖水保湿，稍微放凉到温热状态后不要马上切开，用保鲜膜将它完全封住防止水分流失，放冰箱静置 1 天后即可食用。

TIPS

香蕉可以在一定程度上代替鸡蛋的作用，加入苹果醋会让小苏打的效用更加明显，并且口味层次也更丰富。

no. 20 Dessert

布朗尼蛋糕

这款布朗尼蛋糕不使用鸡蛋和奶制品，但同样浓郁美味。值得一提的是它没有添加精制油和面粉，甜味部分也全部使用了椰枣，比传统布朗尼更健康低卡，当作早餐也是非常棒的。

材料/*Ingredients*

Title.	食材
燕麦粉	90克
香蕉肉	90克
无乳黑巧克力 90%	60克
椰枣	110克
纯净水	150毫升
生腰果	50克
核桃仁	½杯
可可粉	2大匙
泡打粉	1小匙
苏打粉	¼小匙
香草精	1小匙
海盐	¼小匙

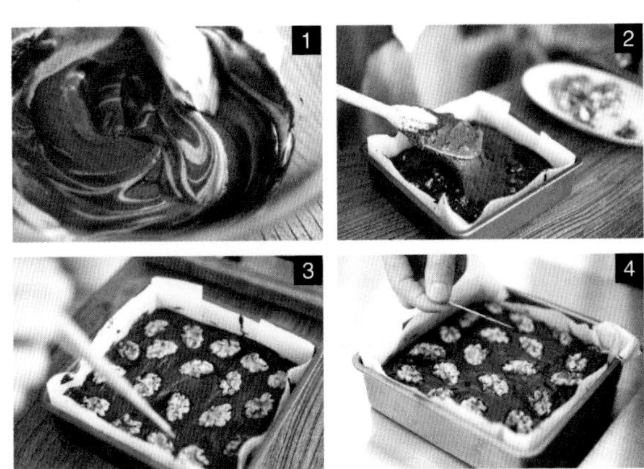

步骤 / *Steps*

1. 生腰果提前浸泡一夜洗净，椰枣用开水浸泡 10 分钟去核后加入料理杯，随后加入香蕉肉、清水、腰果，破壁机高速搅拌到顺滑状态。取 40g 黑巧克力切碎加入容器，隔热水融化，将刚刚搅打好的液体倒入巧克力溶液中混合均匀。

2. 所有干性材料过筛和步骤 1 的食材混合均匀，核桃仁用小火炒一炒，将其中一半切碎加入面糊中，加入香草精再次混合，倒入三分之二的面糊在 6 寸模具中，撒上剩下的黑巧克力在表面，铺上剩下的面糊覆盖。

3. 剩下的核桃仁用枫糖浆混合一下，这样烘烤的颜色更好看，烤箱开 180°C 提前预热好，将面糊送进烤箱视情况烘烤 20～22 分钟。

4. 20 分钟的时候可以取出面糊用牙签插入试一试，如果带出面糊太湿润了就再烤 2 分钟，直到牙签插入能带出一点点蛋糕屑就好了。取出蛋糕后稍微放凉到温热，这时候不要着急切，用保鲜膜封好保持水分，放冰箱冷藏 3 小时或一夜会更好，取出后切块就能享用了。

TIPS

烘烤的口感介于蛋糕和软糖之间，想要更接近蛋糕的质感可以烘烤 25 分钟左右，直到牙签插入蛋糕体会带出更少的蛋糕屑。

图书在版编目（CIP）数据
蔬食与四季 / 小猪著 . 一北京 : 中国工人出版社 ,2022.6
ISBN 978-7-5008-7607-6
Ⅰ . ①蔬… Ⅱ . ①小… Ⅲ . ①蔬菜一食谱②水果一食谱 Ⅳ . ① TS972.123
中国版本图书馆 CIP 数据核字 (2022) 第 100155 号

蔬食与四季
出 版 人　董　宽
策划编辑　李　丹
责任编辑　李思妍
责任校对　张　彦
责任印制　栾征宇
出版发行　中国工人出版社
地　　址　北京市东城区鼓楼外大街 45 号　邮编：100120
网　　址　http://www.wp-china.com
电　　话（010）62005043（总编室）
（010）62005039（印制管理中心）
（010）82027810（职工教育分社）
发行热线（010）82029051　62383056
经　　销　各地书店
印　　刷　北京美图印务有限公司
开　　本　710 毫米 ×1000 毫米　1/16
印　　张　15
字　　数　150 千字
版　　次　2022 年 8 月第 1 版　2023 年 8 月第 2 次印刷
定　　价　59.00 元